1   # 일상복 탐구:
     # 새로운 패션

wo
rk
ro
om

2

차례

일러두기

외국 인명, 브랜드명은 가급적 국립국어원 외래어표기법을 따르되,
널리 통용되는 표기가 있거나 한국에 공식 진출한 브랜드가 자체적으로
사용하는 표기가 있는 경우 그를 따랐다. 주요 원어는 179쪽
「찾아보기」에서 병기했다.

단행본, 정기간행물, 앨범, 전시는 겹낫표(『 』)로, 글, 논문, 기사, 노래,
작품은 홑낫표(「 」)로 묶었다.

5   서문

최근의 하이패션의 양상은 이전과 무척이나 다르다. 여기서 '이전'은 지난 2016년에 쓴 『패션 vs. 패션』에서 다룬 지점까지다. 거기서는 하이패션이 만들어지고 중산층의 성장과 함께 중흥기를 맞다가 흔들리는 과정을 살폈다. 옷으로 하는 가장 창의적이고 고도로 상업적인 활동이라 할 수 있는 하이패션은 중산층의 상황 변화와 세계화에 따른 패션 브랜드의 대형화 속에서 평범하게 패션을 즐기던 사람들과 별로 상관없는 지점까지 나아가버렸다. 그 대안으로서 옷을 통해 의복 생활을 유지하고, 거기서 다른 방식의 즐거움을 찾아보자는 게 『패션 vs. 패션』의 큰 골자였다.

그런데 그 흔들림 다음에 새로운 단계가 등장했다. 이건 어쩌면 하이패션의 이전 방식, 태도, 방향과 다른 새로운 하이패션의 세계일 수 있다. 새로움의 양상은 브랜드마다 다양하다. 구찌는 자신의 과거를 복잡하고 조악하게 다시 만들고, 발렌시아가는 포스트 소비에트 미감을 기반으로 러시아 페이크 마켓을 모사한 듯한 룩을 만든다. 루이 비통은 수프림과 협업을 하더니 오프화이트의 버질 아블로를 남성복 디렉터로 들이기까지 했다. 각자의 길을 가는 듯하지만, 이 기류에는 공통점이 있다. 이전까지는 하이패션의 대상이 아니었던 일상복이 새로운 패션을 이끌어가는 변화의 주체가 됐다는 점이다. 티셔츠와 후디, 청바지와 운동화가 기존 하이패션의 보조재나 장식으로 이용되는 게 아니라 기존의 패셔너블함을 대체하는 다른 형태의 '패셔너블'이 등장했다. 마침내 일상복이 본격적으로 하이패션의 세계를 이끌어가는 동력이 된 것이다.

요컨대 지금의 변화는 유럽의 백인이 이끌던 하이패션을 미국의 흑인이나 동유럽의 백인 등 다른 세력이 대체하는 과정이고, 미국식 일상복이 하이패션을 점유해가는 과정이며, 힙합을 비롯한 젊은이들의 서브컬처가 주류가 되는 과정이다. 또한, 하이패션의 주된 소비자가 베이비 붐 세대에서 밀레니엄 세대로 변하는 과정이면서 트렌드에 영향을 미치는 요소가 TV와 잡지에서 인터넷과 소셜 미디어로 옮겨간 결과다.

물론 노동 계층의 작업복이나 젊은이들의 반항적 서브컬처가 하이패션에 영향을 준 게 이번이 처음은 아니다. 세계대전 이후에 등장한 영국의 테디 보이, 모드, 캐주얼스, 스킨헤드 같은 서브컬처는 각 패션을 전 세계에 퍼뜨렸을 뿐 아니라, 하이패션 곳곳에 스며 알렉산더 맥퀸이나 비비안 웨스트우드 등 여러 디자이너에게 영향을 미쳤다. 그 흔적은 지금도 쉽게 찾아볼 수 있다.

지금의 변화를 바라보면 여러 의문이 들곤 한다. 지금의 변화는 과연 과거와 다를까? 일시적인 것일까, 좀 더 영속적인 것일까? 일상복은 과연 어떻게 패션이 됐고, 또 어떻게 하이패션의 자리까지 올라갔을까? 고도화된 하이패션이 일상을 영위하는 사람들과 점점 멀어진다고 했는데, 새로 등장한 하이패션은 바로 그들의

8

'옷'을 주된 재료로 삼는다. 그렇다면 멀어진 사이가 다시 가까워지거나 재편성될 가능성은 없을까? 이런 하이패션과 일상복의 구도가 변화하는 가운데 옷과 함께하는 평범하고 즐거운 삶이자 도구로서 옷을 관리하고 영위하려는 측면에서 일상복에 의문을 가질 수도 있다. 패션과 일상복의 구도가 바뀌었다면 일상복에 대한 태도의 전환이 필요할까? 필요하다면 그 태도는 어떤 걸까? 트렌드를 쫓아가고 즐기는 게 아니라 의복생활 자체에서 찾을 수 있는 즐거움은 뭘까?

이렇게 보면 마치 평범했던 일상복이 날개를 달고 하이패션의 세계로 떠난 것처럼 보인다. 하지만 '일상의 옷'이라는 말이 이미 말해주듯 그 말에 담긴 게 무엇이든 항상 우리 곁에 있다. 대형 공장에서 대량으로 찍어내 매장으로 전달되고, 전 세계 곳곳에 같은 옷을 입은 사람이 굉장히 많겠지만, 그래도 자기 손에 들어온 자신의 옷이고, 다른 곳에 자리 잡은 옷과는 다른 생을 살게 된다. 그렇게 일상복은 사람들에게 옷과 함께하는 즐거움이 무엇인지 알려주고, 대량생산으로 환경과 세계 곳곳의 거주 지역을 파괴하기도 하면서 인류 멸망의 시기를 앞당기는 역할도 충실히 수행한다. 이런 계기로 일상복에 관해 정리해볼 시점인 건 분명하다. 분명한 건 일상복이 한쪽에서는 하이패션의 날개를 달고 새로운 패션의 세계를 만들어내지만, 또 다른 쪽에서는 쉼 없이 흐르는 패션의 트렌드와 분리돼 여전히 존재하는 '입어야 하니까 입는다.'의 세계를 강화한다.

역사가 그리 짧지 않은 현대의 옷에서 그 중심에는 언제나 패션에 있었다. 패션 잡지와 패션에 관한 책, 많은 사람이 모인 인터넷 패션 커뮤니티 등은 모두 하이패션을 이야기한다. 일상복은 홈쇼핑 같은 데서나 주로 볼 수 있지만, 그마저도 보통은 그 속에 드리워진 패션이 있다. 다들 더 멋진 모습을 만들고 싶기 때문이다. 그래서 하이패션의 영향력이 저 멀리 스쳐 지나간 옷을 그것이 지닌 패셔너블함 때문에 구매한다. 하지만 모든 옷이 패셔너블을 목적으로 할 필요는 없다. 예컨대 우리는 3년 전에 여행지에서 먹은 맛있는 음식을 쉽게 기억하지만, 3일 전에 먹은 점심은 잘 떠올리지 못한다. 하지만 정작 지금 몸의 일부로서 에너지를 내는 건 3년 전에 먹은 음식이 아니라 3일 전에 먹은 기억도 안 나는 음식이다. 옷도 마찬가지다. 특별한 이벤트를 위해 심혈을 기울여 고른 옷이 있겠지만, 정작 자신의 취향과 습성을 분명하게 보여주는 건 일상복이다.

옷에서 특히 패션이 오랫동안 집중적으로 조명을 받지만, 일상복은 거의 매일 마주하면서도 자세히 들여다볼 일이 별로 없다. 스쳐 지나간 패션이 이야깃거리가 될 뿐이다. 패션과 일상복은 목적이 다르고 얻을 수 있는 즐거움이 다른데 애매하게 분리해놓고 패션을 기준으로 이야기하고 있으니 앞뒤가 맞지 않는 경우가 많다.

이 책의 목적은 일상복을 중심으로 옷과 패션의 세계를

바라보는 것이다. 옷에는 크게 입는 즐거움과 보는 즐거움이 있다. 뒤에서는 일상복에서 찾을 수 있는 즐거움과 일상복이 하이패션이 된 뒤에 보는 즐거움까지 얻게 된 과정을 살펴보려 한다.

현대의 삶을 살면서 옷과 패션 생활에서 과연 무엇을 얻을 수 있을까? 모든 의문은 궁극적으로 여기로 향한다. 이왕 매일 보는 패션이고 매일 입는 옷이라면, 즐거움이 있으면 더 좋고, 평생 반복되는 과정에서 더욱 재미있는 걸 찾아낼 수 있지 않을까?

2019년 3월
박세진

11   프롤로그:
            일상복이란 무엇인가

일단 일상복이 무엇인지 정의하고 넘어가자. 그런데 이 걸 굳이 패션과 분리해야 하는지, 분리할 수 있긴 있는 지가 우선이다. 『패션 vs. 패션』에서는 패션과 옷을 분리해서 비교했다.

> 패션은 삶의 필수 요소인 의(衣)의 범주를 뛰어넘어 부가가치가 들어가고 어느덧 부가가치 자체가 주인공이 돼 하이패션의 세계를 구성하는 옷이다. 옷은 말 그대로 일상용이자 삶의 필수품이다. 『패션 vs. 패션』과 달리 여기서는 옷이 아니라 '일상복'으로 부르지만 의미는 거의 같다. 즉, 가리키는 대상은 패션과 대비되는 의식주 중 옷이다.

여기서 패션은 대체로 하이패션을 가리킨다. 디자이너와 대형 회사 들이 주축이 되고 보통은 컬렉션에 참가한다. 일상복은 말 그대로 일상적으로 입는 옷이다. 물론 일상복에는 지금 유행의 한구석이라도 붙잡고 만들어지는 제품이 훨씬 많다. 특히 패스트패션 브랜드에서는 하이패션 쪽에서 뭘 내놓든 눈에 띄거나 화제가 되는 건 곧바로 비슷하게 만들어 내놓는다.

> 하지만 이런 식으로 일상복에 들어간 패션은 어디까지나 부가적이다. 패션이 미래를 향한 도전과 개척 비슷한 걸 포함한다면, 쫓아가기만 하면서 버스를 갈아타는 브랜드들은 새로 등장한 패션을 더욱더 빠르게 무의미하고 무뎌지게 만든다. 하지만 이런 게 모든 옷을 무의미하게 만드는 건 아니다. 옷도 패션도 트렌드도 시간

적·공간적 한계가 매우 분명한 편이다. 여기서 어떤 기준점으로 이것들을 대하는지는 각자가 선택할 몫이다. 사실 패스트패션만 하이패션을 좇는 건 아니다. 예컨대 라프 시몬스가 디렉팅을 맡은 캘빈 클라인 컬렉션은 반사판이 붙은 작업복을 선보였고, 프라다는 트레일(trail)용 운동화를 출시했다. 캘빈 클라인의 작업복을 입고 도로 보수 작업을 할 리 없고, 프라다의 운동화를 신고 몇십 킬로미터 코스의 서울 둘레길을 걸을 리도 없다. 그저 신선함이 필요했을 뿐이고, 그 모습을 조악하지 않으려면 원래 모습 그대로를 유지하는 게 가장 좋은 방법이기 때문이다.

언제나 새로운 걸 찾으려 하는 패션은 이렇게 익숙하되 써먹지 않은 가까운 과거나 현재의 것을 본격적으로 뒤적거린다. 하지만 애초에 다른 기반과 다른 사용 방식에 놓여 있다는 사실을 잊으면 안 된다.

형식적으로 말하면 일상복은 세계대전을 거치며 대량생산 체제에 맞춰 표준화된 모습으로 등장한 옷이다. 그전까지 일상복은 소량으로 생산되거나 가내수공업 기반이라서 표준화된 모습이 필요 없었다.

하지만 세계대전의 엄청난 수량을 감당하기 위해 옷은 찍어내기 좋게 다듬어졌고, 종전 후 군수품을 생산하던 공장들은 그 방식을 이용해 공산품인 일상복을 만들어냈다. 과학과 산업이 엄청난 속도로 발달했고 인구가 폭증했고 의류 수요 역시 함께 치솟았다. 군복을 포함해 이전 시대의 운동복(자동차나 오토바이를 타는 것도 운동이다.)이나 작업복의 소재와 모습이 조금씩 다듬어지면서 일상복으로 전환됐다.

결국, 일단은 하이패션이 아닌 게 일상복이다. 그 밖에도 비일상적인 옷은 많다. 특수 목적의 의상, 특정 서브컬처의 옷도 일상복은 아니다. 물론 이 분류에는 애매함이 있다. 예컨대 구찌의 시즌 컬렉션 옷을 일상복으로 입는 사람들이 있을 수 있다. 유니폼을 좋아해서 그런 쪽만 입을 수도 있다. 실제로 유니폼을 응용한 옷도 많다. 그 밖에도 민속 의상이나 페티시 패션, 고딕 등 서브컬처 속 옷 등 종류는 한없이 많고, 그게 일상용으로 만들어지지 않았다 해도 특정 의도 때문에, 또는 자주 입다 보니 익숙해져서 자연스럽게 일상복으로 사용하는 사람들도 있다. 즉, 이 분류는 사실 각자의 옷에 대한 관점과 태도, 생활에 기반을 둔다. 자기가 일상복으로 대하면 일상복이다. 물론 이런 식으로 생각하면 모든 옷이 패션이 되고, 모든 옷이 일상복이 되기 때문에 의미가 없다. 역시 한정을 해야 하는데, 여기서 일상복은 일반적인 상황의 사람들이 평범한 경우에 사용하는 옷 정도로 보면 될 것 같다.

이런 구분이 엄밀한 건 아니지만, 원래 모든 옷은 입을 수 있다는 공통점이 있어서 생기는 문제다. 갑자기 극한의 추위가 닥치면 프라다고 유니클로고 무명씨 시장 옷이고 모두 그저 다 둘둘 말아 몸을 덮을 천이자 일상의 의복이 된다.

일단 이런 식으로 태도에 기반을 두고 한정하지만 범위
는 여전히 넓다. 여기서는 이 책에서 패션과 일상복을 구
분한다는 것 정도만 인지하면 될 것 같다. 뒤에서는 패션
과 일상복의 차이를 살펴보면서 일상복만의 특징을 좀
더 자세히 찾아보고 일상복에서는 어디서 재미를 찾을
수 있는지, 그런 특징과 재미를 찾는 데 적합한 일상복은
무엇인지 이야기하려 한다.

       여기서 말하는 건 일종의 접근 방식이다. 거의 같은 사
회적 상황과 자연적 환경에 처한 사람도 선택은 제각각
이다. 마음을 지배하는 취향이란 그런 것이다. 누군가는
의식적으로 취향을 만들어가고, 누군가는 전혀 관심 없
이 오직 목적 지향적으로 대한다. 사회적 상황이나 자연
적 환경이 다르다면 차이는 더 벌어질 가능성이 있다.
아무튼 어떤 종류의 옷이든 공통된 특징을 가지고 패션
과 일상복의 구분이 가능할 테고, 각자 상황에 따라 미
묘하게 다른 부분에 대해 비슷한 방식으로 접근해본다
면, 일상복의 효율적인 운영을 위한 각자의 방식을 만
들어낼 수 있을 것이다.

17 일상복의 특징

1. 일상복은 운영의 대상이다

일상복과 패션의 가장 큰 차이점은 일상복은 매일 입는다는 사실이다. 즉, 정기적이고 규칙적으로 사용한다. 인간 생활의 필수 요소인 의식주가 다 그렇듯 예외가 있을 수 없는데, 매일 뭔가를 입는다는 사실은 어지간히 특별한 상황이 아니라면 변하지 않는다.

개중에는 그냥 다 벗으면 편할 때가 있다고 주장하거나 완벽한 누드 라이프에 대한 신념을 추구하는 사람도 있다. 하지만 이런 건 사회 전체적으로 보면 역시 비일상적이다. 대신 좀 더 정밀한 청결 유지 방식이나 외부의 공격을 이겨내야 하는 기술이 성립돼야 하기 때문에 그냥 살아 있기만 한 게 아니라면 옷을 입는 대신 어떤 노력이 필요하다는 점은 마찬가지일 테다. 즉, 옷을 입는 데 필요한 노력이 현대인으로 살기 위해 유난히 뭔가를 강요당하고 있다고 보기는 어렵다.

그렇다고 마냥 아무 옷이나 입는 건 아니다. 삶에는 수많은 상황이 있고, 거기에 맞는 옷에는, 엄격하진 않지만, 그렇다고 멋대로 할 수는 없는 일정한 규칙이 있다. 여기서는 특정한 상황이 아니라 일반적이고 정기적인 상황에서 입는 일상복을 주로 이야기하겠지만, 그것도 크게 다르지 않다.

일상복은 일상을 잘 영위해나가기 위한 도구다. 환경에 맞춰 옷을 입는다는 기본적인 목적을 해결하는 건 물론

이고, 하는 일에 도움을 줄 일은 별로 없겠지만 그렇다고 지나치게 방해가 되면 곤란하다. 하지만 쉽게 볼 수 있는 대부분의 일상복은 패션이라는 멋을 내는 목적을 동시에 가지고 있다. 여기서 멋은 시대의 흐름과 함께 끊임없이 변하고 요즘 들어 그 속도가 더욱 빨라지고 있다. 패셔너블한 옷에 붙은 부가적 요소들은 직업적 성취 같은 자신의 일상이 가지고 있는 다른 목표를 방해할 가능성도 크다. 옷 자체뿐 아니라 옷을 사고 관리하는 데도 많은 에너지가 필요하다. 그 자체로 부가적이고 이미 방해다. 그리고 그렇게 비체계적으로 산 옷을 잔뜩 쌓아두고 뭘 입을지 고민하는 데 또 다른 부가적 비용이 든다. 굳이 멋을 낼 생각이 없는데 옷이 다 그렇게 구성돼 있으니 피하기 어렵다.

게다가 그렇게 만들어진 멋짐이 저 사람은 사는 것도 바쁜데 옷도 저렇게 차려입고 다닐 만큼 부지런하다는 칭송이나 찬사를 만들어내는 사회의 구조가 비용을 더욱 높이는 악순환을 만든다. 멋지게 입고 다니면 "멋지구나!"라는 말을 들을 수 있다. 하지만 그렇지 않다면 '저 사람 게으르구나...'가 아니라 '저 사람은 다른 일을 더 중시하는구나...'라는 생각을 하는 게 옳다. 옷의 선택은 누구에게나 다 그렇게 인생에서 중요한 요소가 아니다. 패셔너블한 옷과 일상복은 목적이 서로 다르다. 패셔너블함에 딱히 잘못이 있다는 게 아니라 그냥 가는 길이 전혀 다르다는 뜻이다. 그렇다면 이렇게 정기적으로 입는 일상복에 대해 정신적인 부담을 낮추고 효과적으로 사용할 수 있는 방법을 탐구해봐야 한다.

과거를 잠깐 둘러보면, 패션과 일상복 구도에서 패션 쪽 의류를 입었던 상류 계층은 계절과 시간, 장소와 상황에 따라 입어야 할 옷이 정해져 있었기 때문에 하루에도 네 번 이상 옷을 갈아입었다. 주말에 시골에 있는 별장에 쉬러 갈 때도 옷 마차를 따로 가져갔다고 한다.[1] 이런 방식은 스타일리스트를 대동하고 차에 옷을 가득 싣고 다니는 연예인이나 고소득 계층, 사교계 등에서 여전히 계승하고 있지만, 일상복 운영에 참고할 만한 부분은 별로 없다.

참고해야 할 건 일상복과 작업복을 분리해 사용하던 서구의 목수, 공장 노동자, 기차 노동자, 농부, 군인이다. 이들은 데님이나 코튼 트윌, 또는 직업에 따라 플란넬 등으로 만든 작업복을 매일같이 사용하고 집에 오면 일상복으로 갈아입었다.

작업복이나 일상복이 그렇게 큰 차이가 있었다고 볼 수 없지만, 작업복은 특수한 환경에 맞게 (어디까지나 원시적이지만) 기능성이 있었다. 다들 가난했고 옷은 비싸서 가진 걸 고쳐가며 계속 입었다. 과거의 작업복이나 아웃도어 등 빈티지 의류를 모은 『빈티지 맨즈웨어(Vintage Menswear)』 같은 책에서는 계속 수선하

1   밸러리 멘데스·에이미 드 라 헤이, 『20세기 패션』, 시공아트, 2003년, 32-3쪽.

면서 입던 작업복을 볼 수 있다.

요즘 들어 상황이 많이 달라지기는 했다. 상류 계층이 맞춰 입던 고급 옷은 브랜드가 돼서 돈만 있으면 누구나 살 수 있다. 여전히 비싸긴 해도 가격대가 구매하기에 가까워지면서 접근성이 훨씬 높다.

일상복 브랜드들도 하이패션의 흐름이나 자체의 흐름에 따라 트렌드를 만들고 넘나들며 점점 더 구색을 갖춰갔고 대량생산에 의해 가격은 저렴해졌다. 그리고 많은 경험이 쌓이다 보니 아무리 관심이 없어도 저마다 옷에 대한 취향이라는 게 형성됐다.

현대사회의 문화적 현상과 산업이 대부분 그렇듯 옷을 다 입긴 하는데 조금만 관심을 가지려 하면 주변이 온통 패션으로 뒤덮이고, 또 조금만 관심을 늦추면 옛날 유행을 달고 사는 사람이 돼 버리거나 아니면 아예 히피풍 등 독자 노선을 걷게 된다. 정신의 자유 같은 걸 외치며 유행 등 사회의 예속으로부터 방해받는 게 싫다며 독자적 의복 노선을 걷는 사람들이 거의 비슷한 모습(청바지와 가죽을 무척 좋아하는 것 같다.)을 하는 것도 연구해볼 만한 대상이다.

위 두 방식 중에서 일상복의 운영에 참고할 만한 건 노동 계층의 일상복인 작업복이다. 하지만 이건 일상복과 작업복을 분리해놓은 운영 방식이고, 옷 자체로 보면 이야기가 좀 다르다. 당시에 사용하던 일상복은 아직 공장 대량생산 체제가 정착되기 전 상류 계층의 옷을 참고해 만든 비체계적인 옷이 대부분이었고 오히려 작업복 쪽이 지금의 일상복에 더 가깝다.

운영 방식만 놓고 봐도 저 분리를 그대로 사용하기에는 적지 않은 문제가 있다. 사회 상황이 변했고 따라서 일상과 작업이라는 분리의 방식이 달라졌기 때문이다. 현대 사회에서는 일상적 상황과 비일상적 상황으로 구분하는 게 낫다. 당연히 유니폼을 입는 직업이나 한두 가지 옷을 사서 작업복으로 사용하는 일용직 건설 노동자는 여전히 있다. 이런 경우는 비일상, 일상, 직업복으로 구분될 테고, 여기서 이야기하는 건 일상이다.

사실 학교에 다니거나 프리랜서로 일하는 등 직종마다 다르긴 한데, 직장을 다니는 대부분의 경우 비일상, 일상, 직업복으로 분리된다. 굳이 제대로 된 고급 포멀 웨어를 갖춰 입어야 하는 경우가 아니라면 직장에 입고 가는 옷 역시 계속 반복되기 때문에 일상복의 운영 방식을 참고해 대입하면 된다. 결국, 여기서 말하려는 건 이걸 분리해 생각하고 취급하는 게 더 낫다는 점이다.

보통의 경우를 보면 일상복을 입고 다니다가 어쩌다가, 돈이 좀 생겨서, 뭐 하나는 있어야 할 거 같아서, 자신에게 주는 상으로, 기분을 내려고, 필요할 거 같아서, 어쩌다 봤는데 너무 멋있어서 등의 이유로 하이패션 브랜드의 제품을 산다. 가방이나 지갑 등 액세서리야 나름대로 역할과 가치가 있으니 괜찮은 면이 있는데, 옷은 조금 다르다. 그렇게 산 옷은 어쩌다 한 번씩 중요한 비일상적 상황에 입곤 하다가 어느덧 낡아가고 그러면 일상복으로 전환돼 나머지 생을 살게 된다.

물론 하이패션 브랜드 제품의 패션 외에 또 다른 가치인 잘 만들어진 좋은 옷을 사서 오랫동안 입는 건 중요한 경험이다. 옷을 입고 가만히 있다가, 움직이다가 디자인의 가치를 깨달을 때도 있고, 몇 년 입고 나서야, 또는 낡아가는 모습을 보며 그 옷의 훌륭한 점을 깨달을 때도 있다. 그런 경험이 삶을 더 풍요롭게 만든다.

하지만 사실 웰메이드는 더 이상 하이패션만의 영역이 아니다. 예전에는 선택지가 별로 없었지만 이제는 웰 크래프트 캐주얼이나 아메카지, 레플리카 등 많이 있다. 굳이 예전만큼 요란하게 드러내지 않아도 꽤 많은 캐주얼, 아웃도어 브랜드가 누가, 어디서, 어떻게 만들었는지에 관한 이야기를 뒤에 깔아놓고 있다.

아무튼 이런 선택을 계속하면 하이패션 옷을 살 때부터 일상복으로의 전환을 염두에 두게 될 수밖에 없다. 하이패션 옷만 사는 사람은 상관없겠지만 어쩌다 한두 개씩 사서 옷장을 꾸려가는 사람들은 이런 선택의 안전함을 무시하기 어렵다.

이런 게 누구나 알아볼 수 있는 것들이 집중적으로 꾸준하게 팔리는 이유 중 하나고, 이런 부분이 하이패션 브랜드에 많은 이익을 가져다주는 게 사실이다. 그렇지만 이렇게 된 이상 하이패션이니 패션의 개성이니 하고 말 것도 없다. 결국, 일상복과 패션의 애매한 구분이 양쪽 모두의 취향과 선택 폭을 좁게 만든다.

사실 위와 같은 이유로 하이패션의 영역은 앞으로 렌트화 또는 리스화될 가능성이 커 보인다. CD나 DVD는 커녕 MP3나 동영상 파일을 사서 컴퓨터에 넣는 것도 하지 않고 스트리밍을 하는 시대가 됐다. 차를 사는 대신 우버 같은 걸 이용한다. 패션도 마찬가지다. 결국, 휘발될 물건을 붙잡지 않는 게 낫다. 다시 팔 생각으로 사는 사람도 많지만 구입, 사용, 매각에 이르는 과정 사이에 어떤 변수가 도사리고 있을지 알 수 없다.

사실 국내에서도 몇 년 전 모 대기업에서 이런 의류 대여를 시작한 적이 있었다. 하지만 대상은 주로 일상복이었고, 자사 브랜드 라인으로 한정했다. 이걸 보면서 약간 의아했는데, 옷을 빌리는 입장에서 보면 어딘가 잘못 짚은 게 아닌가 싶다. 평범한 생활용인 일상복은 대체재도 많고 훨씬 쉽게 살 수 있으니 굳이 대여를 할 필요가 없다. 대신 비싸고 좋은 제품이라면 여러 가지를 경험해 보며 브랜드별 차이나 개성을 느끼고 싶을 수 있다. 하지만 방향이 정반대고 선택지가 지나치게 한정돼 있어서 메리트가 없다.

외국에서는 최근 하이패션 제품의 대여 서비스들이 많이 등장하고 있다. 패션 잡지나 언론에서도 과연 이게 어떻게 되려는지 큰 관심이 있는 듯하다. 사실 이 서비스를 이용하는 사람이 많을까 하는 문제보다는 빠르게 흐르는 패션 트렌드 속에서 재고 관리 같은 걸 어떻게 하려는지, 그게 가능하려면 대여 서비스 가입 비용이 얼마여야 적정선일지 궁금하기는 한데, 그런 문제를 해결할 방법을 찾아내면 자리 잡을 가능성이 클 것 같다. 아무튼 대여 서비스에서도 볼 수 있듯 패션과 일상복은 분리의 경향을 분명히 보인다. 패션도 좋고 옷도 좋지만 매일 아침 선택의 순간을 맞이하고, 그 결과로 하루만큼 즐겁거나 슬프거나 하는 일을 반복하는 건 불필요한 에너지를 소모하는 일이다. 정신에도 좋을 리 없다. 심지어 옷이 마음에 들지 않는다고 일찍 귀가하거나 갈아입으러 가는 경우도 있는데 이래서는 그날 해야 할 일에 차질도 준다.

살아가는 데 가장 중요한 부분이 옷을 입는 행위에 있는 사람이라거나 수입과 직결되는 상황이 아니라면 이런 데 지나친 에너지를 쏟는 건 비효율적이다. 그런 건 패션에 자리를 내주고, 정 관심이 있다면 따로 패션 생활을 운영하는 게 낫다. 코스프레나 페티시 등 의상형 취미를 가져보는 것도 나쁘지 않다. 비일상성과 다양성은 반복되는 삶을 더 풍요롭게 만들어준다.

2. 패션과 일상복의 길은 다르다

패션은 기본적으로 비일상적이다. 원래 모습을 바꾸거나 뭔가를 더해 새로운 걸 만들어낸다. 그리고 특별한 날 특별한 목적으로 입는다. 꼭 특별한 날이 아니라도 멋을 내고 싶을 때 입기도 한다. 애초에 평범한 날을 하루 더 보내는 게 아니라 그렇지 않기 위해 만들어졌다.

만드는 쪽에서도 마찬가지다. 평범한 날 평범하게 입는 옷은 하이패션의 주된 대상이 아니다. 기존의 패션과 옷에 대한 반발이 시작이다. 평범한 옷을 입으면서 살아왔지만 패션을 통해 새로움을 만난다. 멋지다고 생각해서 입어왔지만 어느덧 지겹고 지루하다. 그래서 새로운 걸 만들어낸다. 물론 새로운 것으로만 부족하다. '멋'이 있어야 한다. 하지만 멋은 끊임없이 변화한다. 옷 말고도 브랜드 이미지 등으로 이런 멋을 만들어내고 발전시키는 게 하이패션이 주로 하는 일이다.

하지만 일상복은 생활을 영위하기 위한 옷이다. 멋이나 특수한 직업, 취미 등을 위해서가 아니라 옷으로 이루려는 게 딱히 없을 때 입는 옷이다. 사실 우리에겐 이런 시간이 훨씬 많다.

친구를 만나거나 모임에 참석하지 않더라도, 심지어 사람을 만날 가능성조차 없는 날에도 패션을 추구하는 경우가 있다. 일상복과 패션이 혼재돼 있거나 아예 패션이 옷이라는 의미 안에 스며들어버렸거나 취미의 하나로 자리 잡은 상태이기 때문이다. 일상적인 상태라고는 말하기는 어렵다.

물론 현실적으로 일상이 돼 있다 해도 매일, 시즌마다 새로운 제품을 사들이는 등 대량의 구매의 실현이 따라주지 않는다면 실행하는 것 역시 어렵다. 혼자 입을 걸

주문 제작하는 사람이라면 일상복이니 패션이니 하는
이런 이야기에 관심을 둘 필요가 없다.

하지만 혼자 있어도 스스로 삼가는 자세는 일상복을 영
위하는 데 도움이 되기도 한다. 냄새가 나지 않고, 더러
워서 주변에 피해를 주지 않고, 자신의 몸과 옷을 세탁
하고 관리하는 건 타인을 위해서 만이 아니다.

이렇게 일상복은 모든 비일상적인 경우를 제외한 상황
에서 입는 평범한 옷이다. 기본적으로 생활의 목적이 착
장에 있는 게 아니니 일상복은 생활을 되도록 방해하지
말아야 한다. 오늘 뭘 입고 앞으로 뭘 입을지 결정하는
쇼핑에서도 마찬가지다. 즉, 패션과 일상복은 둘 다 옷
이지만, 이렇게 시작점도 가는 길도 아예 다르다. 하지만
우리는 오랫동안 이 둘을 섞어서 사용해왔다. 이건 현대
사회가 방치해놓은 결과일 수도, 패션 비즈니스의 의도
일 수도, 소비자들이 알면서도 재미있으니 속아준 결과
일 수도 있다.

특히 일상복의 패션화가 문제다. 평범한 일상복을 보면
서 지루하다고 재미없다고 생각하기 때문에 뭐라도 집
어넣게 된다. 왜냐면 패션과 일상복 모두 옷이라는 점
에서 혼동이 온 것이다. 입을 수 있는 거니까 비슷한 방
식으로 취급하고 평범한 일상복을 입고 스스로 부끄러
워하거나 타인에게 핀잔을 듣는다.

하이패션의 옷을 일상적으로 사용할 수도 있다. 훌륭한
옷도 많다. 하지만 과하게 훌륭하고 비용이 지나치게 많

이 든다. 고급 소재와 정교한 디테일은 관리하는 데도
훨씬 어려움이 따른다.

여기까지만 봐도 뭔가 문제가 있다는 걸 알 수 있다. 하
이패션 브랜드의 패셔너블한 옷은 수명이 더 길거나 튼
튼하다는 의미가 아니다. 어쩌다 그럴 수 있지만 아예
관계가 없다고 생각하는 게 판단하는 데 도움이 된다.
고급 소재와 부자재는 더 튼튼할 수 있겠지만 오히려
섬세해서 더 약할 수도 있다. 예컨대 샤넬의 양가죽 제
품은 믿기지 않을 만큼 부드럽지만 그게 오래가고 튼튼
하다는 뜻은 아니다. 손이 자꾸 닿는 물건에 그런 가죽
을 쓰는 게 정말 괜찮은가 하는 의문이 있는데, 그런 모
순적인 방탕함이 하이패션이 지닌 매력이기도 하다. 아
무튼 하이패션과 수명은 인과관계가 딱히 없다.
예쁘고 멋진 옷을 사서 입고 다니는 건 즐거운 일이고,
단조로운 삶을 풍요롭게 해주지만 한편으로는 피곤하
다. 즉, 굳이 갖춰야 할 덕목이 아니다. 하루 날을 잡고
둘 사이를 명확하게 구분해놓지 않으면 흐릿한 경계는
두고두고 삶을 귀찮게 만든다. 일상에서 입기에 관리하
기 너무 까다로운 옷을 일상복으로 사는 등 엄밀하지
못하고, 목적도 불분명한 소비는 옷을 망칠뿐더러 돈도
낭비하게 된다.

패션을 배척하자는 게 아니다. 패션은 즐거운 일이고,
분명 삶을 더욱 풍요롭게 해준다. 시야도 넓어지고 자
신의 다른 면모도 발견할 수 있다. 단, 목적이 서로 다

른 일상복과 패션을 뒤섞는 게 비경제적이고 비효율적
이라는 이야기다.

검열의 대상을 명확히 정해야 한다. 신경 써야 할 건 타
인의 옷이 아니라 자기 옷이다. 각자 상황과 여건과 취
향에 맞게 해야 할 일과 하지 말아야 할 일을 숙지하고
잘 입고 다니기만 하면 된다. 여전히 여름만 되면 신문
기사에 '노출을 어디까지 해야 할까요?' 같은 이야기가
나오는데, 문제는 기사지 사람이 아니다. 문제는 옷을
입은 사람이 아니라 불필요하게 남을 보는 사람이다. 남
이 입은 옷에 오지랖을 부리는 사람은 무시하고 지탄하
고 모욕하고 배제해야 한다.

패션은 창조와 개척의 영역이고, 일상복은 유지 보수와
관리의 영역이다. 둘을 분리해야 양쪽 다 엄밀해지고
효율적이고 효과적으로 된다. 모두를 더욱 충실하고 풍
요롭게 만들 수 있다.

3. 패션과 일상복을 통합하려는 시도

3.1.　스타일

패션과 일상복을 분리해야 한다지만 둘을 통합하려는
시도는 계속 있었다. 예컨대 패션을 이야기할 때 자주
인용되는 '스타일' 같은 말이 있다. 몇 번 이야기한 적이
있지만, 간단히 말하면 스타일은 크게 두 가지 의미로
사용된다.

먼저 유행을 넘어 자신을 연구하고 탐구한 결과로 만들어진 생활 방식이다. 사람마다 생긴 게 다르고 몸이 다르고 사는 곳이 다르고 하는 일이 다르다. 무조건 유행을 따라가다 보면 자신과 맞지 않는 경우가 많다. 그래서 맨 밑바닥부터 자신을 탐구해가며 자신의 삶과 어울리는 방식을 개척하고 창조하고, 그 결과 자신만의 스타일이 만들어진다.

말 자체는 멋지고 훌륭하지만 몇 가지 문제가 있다. 우선 대부분의 사람에게는 그렇게 가만히 앉아서 패션의 세계를 탐구할 시간은 물론이고 재료가 없다. 옷을 보는 것과 입어보는 건 다른 문제다. 경험에 따라 상상력이 늘어나지만 아무튼 한계가 있다. 이제껏 평범하게 받아들이던 옷과 유행을 다시 검토하고 정립하는 건 일반인이 할 수 있는 일이 아니다.

시간과 자본에 여유가 있어서 연구를 한다 해도 독학은 오해의 늪에 빠지기 쉽고, 혼자서는 자기가 이미 알고 있는 한계선을 넘어서기도 어렵다. 따로 관련 학교에 다닌다면 이미 평범한 의복 생활을 영위하는 일반인이 아니다. 게다가 그런 의복 생활이 실제로 있긴 한 건지, 가능하긴 한 건지 확신할 수 없다는 게 더 큰 문제다.

이제껏 경험해온 옷의 영역을 그렇게 간단히 벗어날 수 있을까? 무슨 생각을 해도 기존 개념에서 크게 일탈하기 어렵고, 개인의 상상력은 한정돼 있다. 그리고 뭔가 생각난다 해서 현실화하기도 어렵다. 소량 생산은 매우 큰 비용이 든다. 그런 건 디자이너가 회사와 함께하는 일이다. 정말 그런 식으로 옷에 대해 본격적으로 고민하며 돌파구를 마련해보고 싶다면 직접 패션 브랜드를 차리는 게 옳겠다.

스타일이 의미하는 또 하나는 트래디셔널한 옷차림 중 하나다. 이시즈 겐스케는 서양에서 들어온 옷을 일본 사람들이 너무 멋대로 입고 다니고, 그 옷이 원래 뿜어내는 '멋짐'이 뭔지 별생각 없는 현실에 개탄하며 원래 있던 룰을 준수하고 시간과 장소 등에 걸맞게 옷을 입자는 TPO를 주장했다. 이런 식으로 미국의 아이비, 영국식, 나폴리식 착장 등을 전통에 맞게 특징을 살려 잘 갖춰 입는 걸 언젠가부터 '스타일'로 부르기 시작했다. 여기서 패션의 기본적인 방식을 깨달을 수 있다. 예컨대 지금 옷 입고 다니는 건 엉망이다, 개성을 가져라, 개성은 바로 이런 것이다 순서로 또 다른 틀을 제시한다. 그게 자리 잡고 유행이 되면 개성이라는 게 다시 똑같아진다. 따라서 하이패션은 더 빠른 속도로 새로운 개성을 제시하고 다시 똑같아진다. 아주 희한한 종류의, 속도는 점점 빨라지는 끝없는 함께 달리기다.

트렌드가 아니더라도 특히 문화적으로 비슷한 생각이나 삶의 방식을 가진 사람들의 옷차림은 비슷해 보이는 현상도 볼 수 있다. 일단 어디에 살더라도 인터넷 등으로 보고 들으며 영향을 받기 마련이고, 옷에 대한 상상의 범위가 고만고만하기 때문이다. 어디에 살든 같은 걸 궁금해하면서 파고 들어가다 보면 뭔가 같은 자료를 만나게 된다.

그러다가 굉장한 크리에이터가 한 명 끼면 좀 확 나아가고, 이후 또 정체되는 식을 반복한다. 흥하는 서브컬처 분야가 큰 영향을 끼치는 건 아무래도 유입이 많고, 그러다 보면 산출도 많고, 그중에 영향력이 큰 굉장한 게 있을 가능성도 크기 때문이기도 하다. 즉, 나만의 개성이라면서 다들 똑같은 옷을 입고 다니는데, 사실 파는 사람이나 사는 사람이나 그걸 모를 리 없다. 이런 식으로 정착한 지도 벌써 몇십 년이 지났다. 패션 산업이 현실과 만났을 때 만들어질 수 있는 일종의 패션식 유머, 즐거움, 큰 이익을 만드는 방식 정도로 이해할 수 있다. 장기에서 졸은 왜 저렇게 움직이냐는 훈수가 별로 의미가 없듯이 하이패션에서 개성이라며 왜 다들 구찌 티셔츠를 입느냐는 질문도 마찬가지다.

아무튼 앞에서 말한 스타일의 두 가지 의미 모두 라이프스타일 전체를 관통하는 일종의 취향의 모습을 구축하고, 그렇다면 무엇을 입고 다니는 문제뿐 아니라 뭘 먹는지, 말투는 어떤지, 보통 어디서 노는지, 잠은 어떻게 자는지 등 모든 분야를 총괄한다. 즉, 이런 세계에서 일상복과 비일상복은 분리가 아예 불가능하다.

그렇지만 앞에서 봤듯이 스타일 중 하나는 실행하기 불가능하고, 또 하나는 유행의 하나로 나타났다가 일부 사람들에 의해 스테디셀러로 자리 잡는다. 여기에는 기술적인 문제도 있는데, 유행일 때는 제품이 많으니 구하기 쉽지만 유행이 지나면 흔하던 것도 구하려면 발품을 팔아야 하고 만족스러운 걸 구한다는 보장도 별로 없어진다. 그래서 애초에 트렌드 중 하나를 일상복으로 정착하면 나중에 문제가 될 가능성이 크다. 단, 자신의 삶을 구석구석 총괄적으로 통제해야 한다는 발상은 일상복 운영에 필요하니 넓은 의미에서 받아들일 만하다.

3.2. 패스트패션 브랜드

패션과 일상복을 통합하려는 곳으로 패스트패션 브랜드들이 있다. 이쪽은 좀 더 스케일이 큰데, 하이패션을 최대한 빠르게 열화 복제해서 무의미하게 만들고, 그 와중에 일상복의 자리를 완벽하게 차지하려 한다. 또한 거대한 자본과 글로벌한 접근을 무기로 홈, 리빙 분야로 확대해가며 삶의 전반을 뒤덮으려 한다. 즉, 패션과 일상복이 완벽하게 통합된 세계를 향하는 데 가격의 측면에서도 접근이 쉽다.

가장 큰 매력은 저렴한 가격과 적어도 천으로 만드는 종류에서는 거의 모든 대안을 찾을 수 있다는 점이다. 정말 뭐든지 나온다. 시즌별로 쉼 없이 돌아가며 하이패션 컬렉션을 알맞게 뒤따르며 옷과 신발과 가방이 나온다. 그렇다고 트렌드에만 천착하는 것도 아니다. 유니클로는 오랫동안 아메리칸 트래디션의 표준에 맞춘 블레이저나 치노 팬츠 같은 걸 내놓고, 셀비지 데님이나 워크

셔츠, MA-1 같은 밀리터리 라인, 마운틴 파카, 시어서커 블레이저 같은 것도 있다. 예전에는 가죽 카페 레이서 재킷이나 오리지널 워시 라인같이 특이한 것도 많았는데 대부분 정리됐다. 대신 '유니클로 U'나 디자이너와의 협업 등을 통해 흥미로운 걸 여전히 선보인다. 대부분 원래 형태를 보존하며 뺄 건 빼고 경량화할 건 경량화하면서도 조잡하지 않게 보이도록 모든 기술을 총동원한다.

그런가 하면 자라의 2018년 가을·겨울 시즌 컬렉션을 살펴보면, 데님 초어 재킷, 워바슈 워크 베스트, 왁스드(waxed) 코튼 아노락 등 출처와 역사가 확실한 아메리칸 캐주얼 라인을 내놨다. 유행의 측면에서는 몇 년 뒤처진 게 사실이고, 부자재를 조잡하지 않게 보이는 기술의 측면에서는 아직 갈 길이 멀지만, 아무튼 패스트패션 브랜드들은 이런 것도 내놓는다.

그럼 뭐가 문제일까. 사실 제품 구성의 측면에서 일상복 생활을 영위하는 데 큰 문제는 없다. 알맞게 활용하면 아주 큰 도움이 된다. 단, 일상복과 패션을 통합하려 해서 양쪽 다 어딘가 어설프다는 문제점은 있다. 일상복 용도는 물론이고 패션의 용도로 봐도 부실하다.

최근의 하이패션은 옷의 구성이나 조화보다 유행하는 제품을 중심으로 '이게 바로 그 제품이니까 멋지다!'로 변해가고 있다. 그렇게 보면 굳이 유명 제품을 떠올리도록 복제한 못생긴 스니커즈나 프린팅 티셔츠 같은 건 주변을 웃기려는 목적이 아닌 이상 별로 쓸모가 없다. 옷길 수 있다면 그것도 나쁘지 않은데, 옷으로 주변을 즐겁게 하는 건 난이도가 꽤 높은 일이다.

물론 이런 건 상업적인 이유가 있는 제품들이고 그런 게 잘 팔리면 패스트패션의 옷을 이용해 전략적으로 일상복을 구성하려는 사람에게는 오히려 득이 될 수는 있다. 프린트 티셔츠가 잘 팔리는 덕분에 100퍼센트 면 헤비 코튼 티셔츠가 나오고 게다가 가격도 알맞게 유지될 수 있는 법이다. 아무튼 어떤 상황이 오든 사태를 잘 파악해서 하던 걸 계속할 수 있는 방법을 연구하는 게 괜찮은 옷이 없다고 슬퍼하는 것보다는 낫다.

패스트패션이 만들어내는 또 다른 문제가 있다. 옷이 지나치게 많이 만들어지기 때문에 가격을 저렴하게 유지할 수 있고, 가격이 저렴하니 과다 소비를 조장하고, 그러다 보니 다시 과다 생산을 하는 악순환이 생긴다. 모두 환경 문제와 노동문제의 원동력인데 어느 지점에서 끊어내기가 매우 어렵다.

아무튼 패스트패션 브랜드의 옷은 일상복을 구성하는 데 좋은 재료가 될 수 있다는 점에서 긍정적이다. 그나마 잘 만들어지고 유용하고 오래 입을 수 있는 옷을 발견한다면 더 좋을 것이다. 그리고 매장에서 전혀 생각도 못 해본 옷을 시착해보며 자신의 신체와 옷의 조화를 파악하고 새로운 걸 발견하는 데도 상당한 장점이 있다.

대신 사회적 관심을 유지해야 하는 비용이 든다. 사실 좀 더 긍정적인 측면을 보면 작은 규모의 회사가 많으면 하나하나 좇아다니면서 감시하기 무척 어려워진다. 나이키나 H&M 같은 대규모 업체가 등장하면서 환경이 나 노동문제의 감시가 활성화되는 측면도 있다. 지붕에 물 새듯 자잘한 지출을 유도해 낭비를 조장하는 측면도 있긴 한데, 이건 일단 개인이 굳건한 마음가짐으로 직접 해결해야 할 문제다.

3.3. 서브컬처

여러 서브컬처 역시 패션과 일상복을 일치시키려는 방식 중 하나다. 애초에 이쪽은 가지고 있는 취향으로 삶을 통째로 구성하려다 보니 입는 옷이 다 일상복이 된다. 이건 당연한 결과다.

서브컬처가 형성되는 주제와 방식은 무척 다양하다. 오토바이를 타거나 비슷한 음악을 듣거나 훌리건으로 살며 원정 응원을 떠나는 경우도 있다. 비사회적인 취미를 공유하거나 때로는 비밀스러운 단체를 만들기도 하고, 아예 범법자로 갱단에 몸담는 경우도 있다. 그저 비슷한 곳에 있다는 사실만으로 형성되는 경우도 있다. 비슷한 곳에 사는 비슷한 또래는 비슷한 사회 상황 속에서 비슷한 돌파구를 찾고 있기 마련이다.

이런 서브컬처는 특정한 패션이나 의상 페티시를 형성하기도 하고 패션과 전혀 관련이 없기도 하다. 또 그쪽은 패션에 별로 관심이 없고 그걸 패션이라고 생각하지도 않는 듯하지만, 기존 사회와 다른 방식으로 의상을 활용하는 점이 사람들을 자극해 패션에 합류되는 경우도 있다. 예컨대 훌리건들은 도망도 잘 가고, 원정 응원을 떠나 날씨를 버티고, 노숙도 하고, 때로 몸싸움도 하기 위해 버버리의 트렌치코트와 아디다스의 스니커즈 등 튼튼하고 믿을 만한 아이템을 선택했다. 선택을 당했든 선택을 했든 그런 운명에 접어든 패션 회사들이 있고, 그렇게 된 이상 어떻게 대응할지 결정해야 한다. 즉, 현실에 적응을 하거나 반항을 한다. 아디다스는 워낙 거리 문화에 많이 얽히기 때문에 내버려두는 식이었고, 프레드 페리는 그런 반항적인 이미지를 은근히 써먹었다. 버버리는 자기들이 만든 옷이 그렇게 사용된다는 사실로부터 오랫동안 반항하고 도피했다.

서브컬처의 패셔너블한 옷은 패션에서 아이디어가 되고, 또 그 자체가 패션이 되기도 하지만 일상복의 관점에서 보면 그리 쓸모는 없다. 라텍스, 가죽, 옷핀, 빅토리아 풍 드레스, 레이스 부채, 금속 징, 인형 탈 등 입고 착용하는 진귀한 게 수도 없이 있지만 대부분 세탁은 물론이고 관리하기도 어렵다. 물론 저기 어딘가에는 아랑곳하지 않고 일상적으로 입는 사람도 많다. 그렇게 남들과 다른 옷을 입는다는 사실 자체가 존재감과 소속감을 증명하고 확신하는 방법이다.

일상복 운영의 측면에서 보면 서브컬처의 옷이 뾰족한 팁을 제공해주는 면은 없지만 옷에 대한 다양한 관점을 제공해준다는 점에서 소중하다. 입고 다니는 거라 생각지 못하던 걸 입고 극단적인 이미지를 표출한다. 자기가 즐거운 일을 하는데 어떤 시선도 아랑곳하지 않는 건 그런 부분에 많이 노출되고 훈련과 경험에 의해 더 튼튼해질 수 있다. 게다가 "그래, 넌 그런 옷 입고서 살아라. 알게 뭐야? 대신 서로 통하는 게 있으면 그거나 얘기하자." 같은, 서로에게 무심하면서 적당한 장벽은 사회에 여러모로 필요하다.

3.4. 무관심

패션이든 옷이든 아무 관심 없이 그냥 있는 거 입으면 되고, 눈에 걸리고 가격만 적당하면 사면 되는 무관심 또한 패션과 일상복을 통합적으로 보는 방식이다. 기대치라는 게 거의 없어서 패션이 끼어들 여지가 거의 없고 일상복에서는 편안함이나 가격이 주된 고려 대상이 된다.

원인은 옷에 대한 귀찮음이 우선일 테고, 그렇다면 이런 글을 읽을 가능성이 전혀 없으니 상관할 바는 없다. 하지만 무관심은 사회에 악영향을 미칠 가능성이 크다. 무관심은 대부분 가격에 천착하게 되는데, 그러다 보면 사서는 안 되는 옷을 사고, 계속 입어야 할 옷을 버리는 문제가 생기기 쉽다. 에너지 소비를 막기 위해서라도 나름대로 열심히 옷, 비즈니스, 패션, 세계 경제의 흐름 등을 대충이라도 파악하고 있어야 한다. 무관심이라 해도 특유의 에너지 소모가 있고 옷이 아닌 요소를 이해해야 무관심의 방향이 제대로 결정된다. 예컨대 최근 많은 관심을 모으면서 주류 패션 브랜드들이 목소리에 대응해 체제를 갖추고 있는 노동이나 환경 등 윤리적인 측면이 있다. 무관심은 대체로 현실의 문제점을 고착화하는 데 기여한다. 세상일이 조금이라도 걱정이 되고 고쳐야 할 부분이 있다고 생각한다면, 어떻게든 더 들여다보고 태도와 방향을 갖추는 게 득이 될 수 있다.

패션 브랜드들은 이런 반항적 태도를 패션화하는 걸 제법 잘한다. 반항의 대상이 패션은 물론이고 브랜드나 트렌드여도 다를 게 없다. 멋짐과 주변 시선에 대한 무관심한 태도를 다시 패션 트렌드로 만들어냈다. '고프코어'나 '어글리 프리티'로 부르는 이런 태도는 일상복 생활을 유지하는 데 중요한 메시지를 품고 있다.

3.5. 특수한 경우

특정 착장을 정립하고 매일 똑같이, 또는 거의 비슷하게 입는 사람들이 있다. 앙드레 김, 스티브 잡스, 마크 저커버그, 카를 라거펠트 같은 사람들이다. 옷만 봐도 누군지 알 수 있을 정도다. 의상을 자신의 캐릭터처럼 정립한 사람들은 그 밖에도 꽤 있다. 이런 방식은 대개 많은 사람에게 노출되는 직업일수록 시도하는 편이다.

하지만 쉽게 질릴 수 있다는 문제가 있다. 옷에 적당한 관심사를 유지하려는 사람들에게는 재미가 없다. 또 여러 벌 사서 계속 입기에 적당한 제품군을 발견해 완성하기도 쉽지 않다. 그래도 완성할 수만 있다면 평범한 사람이 시도하기에 나쁠 건 없다. 나는 문구류에 이런 식으로 접근하는데 시행착오의 비용이 꽤 든다. 아무튼 분야별로 관심의 정도에 따라 적당히 구성하면 되지 않을까? 연예인처럼 의상과 의복이 거의 완전히 분리된 사람도 있다. 이건 의상과 의복 양쪽이 모두 수입의 중요한 원천이라서 가능한 일이다. 그런 상황에서 입을 옷이 결정되기 때문에 일상복으로 입고 있다 해도 선택의 태도와 방향이 일반인과 무척 다르다. 옷을 입는 것 자체로 돈을 벌거나 누군가 옷을 계속 후원해주는 게 아닌 이상 쉽게 시도할 종류는 아니다.

4. 일상복에는 일상복의 즐거움이 있다

일상복을 패션과 따로 떼어놓고 사서 관리해야 하는 이유는 적지 않다. 일상복은 대부분 하이패션보다 저렴하다. 재고 부담이 큰 실험의 비용이 하이패션보다 낮고, 더 저렴한 소재를 사용하고, 대량생산에 의해 제작 비용이 낮은 등 여러 이유가 있다. 매일, 그리고 자주 사용해서 수명도 짧은 편이다. 그러면서도 패션을 무시할 수 없는 만큼 트렌드도 따라가려니 수명은 더 짧아진다. 내구성에는 변함이 없다 해도 일단 생긴 모습만으로도 입을 수 없게 된다. 이건 일상복에서 불필요한 요소가 주인공의 자리를 차지해서 생기는 현상이다. 패션과 일상복이 나아가는, 전혀 다른 길을 엄밀히 구분하지 않으면 이런 문제가 생긴다. 하이패션에 하이패션만의 사이클이 있듯 일상복에는 일상복만의 사이클이 필요하다.

일상복을 운영하는 데는 일단 불필요한 패셔너블함을 최대한 제거하는 게 비용과 효과 면에서 유리하다. 하이패션을 흉내 낸, 애매하게 트렌디한 프린트 티셔츠보다 차라리 헤비 코튼 티셔츠 쪽이 낫다. 그런 문화의 출처가 일상복이라서 좋아하는 걸 닥치는 대로 사다 보면 운 좋게 역사적으로 중요한 아이템이 걸릴 수 있다. 하지만 늘 그런 걸 바랄 수는 없는 노릇이다.

프린트가 있는 게 아무래도 더 재미있고, 또 입고 싶다면 그때부터는 선택하는 데 상상력을 동원해야 한다. 프린트가 떨어지고 나면 어떤 모습일지, 그때 티셔츠는 어떤 모습일지 경험 등에 기반을 두고 생각해본다. 대개 그림보다는 글자가 완전히 낡았을 때 좀 더 낫다. 이건 사람마다 취향이 다르니 구제 매장이나 동묘에 가서 미래의 모습을 직접 확인해보는 것도 좋다.

이런 패셔너블을 제거하는 것 말고도 일상복은 오래 입을 수 있는 게 좋다. 그러려면 기본적으로 튼튼해야 한다. 하지만 튼튼한 옷은 단단하고 불편할 가능성이 크다. 요즘은 착용감을 중시해 예전보다 얇아져 그런 점이 더욱 두드러진다.

그렇다고 마냥 튼튼한 것만 추구할 수는 없다. 옷의 수명이 지나치게 길면 입다가 질려버리고, 반작용으로 충동구매를 할 가능성이 커진다. 적당한 선을 정해야 하는

데, 옷이 얇다면 봉제 같은 만듦새 쪽에서 보충할 수 있다. 이런 제작진 측의 고민과 아이디어를 알아채는 게 일상복 생활에 즐거움을 줄 수 있다.

수선의 용이성도 중요하다. 수선을 할 수 있는 옷, 직접 수선할 수 있는 옷을 사야 한다. 수선은 할 수 있는데 전문가가 필요하고 게다가 비용까지 많이 든다면 아무짝에도 소용이 없다. 구하기 어렵고 만들기 어려운 소재는 일상복에 적합하지 않다. 이런 측면을 고려하려면 소재에 대한 기본적인 이해가 필요한데, 그게 또 일상복 생활의 즐거움을 늘려줄 수 있다.

옷을 오래 입으면서 자신의 몸과 버릇에 맞게 탈색이나 주름 등이 생기며 변형되는 걸 '개인화'라 부르기도 한다. 특히 수선 자국은 오랫동안 옷을 입으면서 만들 수 있는 개인화의 중요한 흔적이다. 이런 부분이 일상복 운영에서 얻을 수 있는 즐거움이 된다.

구매와 착장 모두에서 가격이 적정하고, 관리가 편하고, 오래 입을 가능성이 큰 옷을 일상복으로 채택하는 게 유리하다. 너무 철두철미하게 비교하면 그것도 지나치게 많은 에너지가 필요하니 약간 부족하더라도 자신을 설득할 수 있는 합당한 이유만 있으면 된다. '그래 봤자 옷'이라는 마음가짐으로 적당한 선에서 끊어주면 된다.

아침에 옷장을 아무리 뒤져도 상태는 멀쩡한데 차마 입을 수 없는 옷이 자꾸 늘고 매일 고민에 빠지고 뭘 골라도 마음에 들지 않는 이유는 선택을 잘못했기 때문이다.

일상복에는 하이패션의 멋짐 같은 건 필요 없다. 다른 방식과 형태의 즐거움이 있고 그걸 추구하면 된다.

4.1. 오래 입는 즐거움

이 즐거움은 사실 평범한 의복 생활이나 패셔너블한 생활을 넘어 몇 가지 줄기로 트렌드화되고 있다. 일상복 생활을 패션화한 사례다.

예전에는 그저 절약의 문제였다. 긴 전쟁과 복구의 시대를 거치면서 절약으로 다른 살림을 유지해야 하니 다른 방법이 없었다. 이제는 세상이 바뀌었고 유행 주기도 단축되고 옷의 수명은 유례가 없을 만큼 짧아졌다. 이런 풍조에 대한 반발로 패션에 관심을 유지하되 옷을 오랫동안 입어보려는 문화가 등장했다.

우선 빈티지 캐주얼이 있다. 예컨대 왁스드 코튼 제품을 내놓는 필슨이나 바버, 벨스타프 같은 역사가 오래된 브랜드들이 20세기 초반에 내놓은 제품들이다. 주로 군대나 사냥, 벌목 등에 입던 옷이다. 모두 자연과 맞서야 한다. 가장 문제가 되는 부분은 바람과 비다. 당시에는 제대로 방수가 되는 섬유가 없어서 면 위에 왁스를 칠해 방풍과 방수 기능을 높였다.

이런 옷은 정기적으로 왁스를 칠해야 하는데 지금 기준으로 보면 불편하기 짝이 없다. 대신 요즘에 나오는 고성능의 방수 소재보다 수선하기 쉽고, 수선을 하면 오래된 옷의 분위기를 더 짙게 만들어준다. 사용하다 보면 독특한 흔적이 나오기도 한다. 혼자 하려면 좀 귀찮은 게 사실이지만, 비용을 약간 내면 왁스를 대신 칠해주는 업체를 찾을 수 있다. 이렇게 세월이 흐르면 다른 데서는 찾을 수 없는 독특한 스타일이 완성된다.

또 다른 방식이 파타고니아 같은 브랜드가 진행하는 '원웨어(Worn Wear)' 캠페인이다. 한마디로 입던 옷을 오래 입자는 이야기다. 새 옷을 팔아야 하는 기업의 입장에서 보면 이런 캠페인은 모순된 점이 있다. 하지만 그만큼 브랜드와 파는 옷의 가치를 높여주는 메시지가 된다.

이 캠페인은 조금 넓은 시각으로 보면 최근 많은 사람이 관심을 가지는 지속 가능한 패션의 일환이다. 패스트패션이 등장하면서 옷이 너무 많이 만들어지고 버려지면서 옷이 만들어내는 환경오염이 더욱 주목받게 됐다. 이걸 막기 위해 많은 브랜드가 이전 제조 방식보다 물을 더 절약하거나 이산화탄소를 덜 발생시키는 공정 등을 도입하고 있다. 아예 새로운 컬렉션을 론칭하기도 한다.

하지만 정말 환경에 도움이 되고 싶다면 가장 좋은 방법은 있는 옷을 되도록 오래 입는 것이다. 일상복의 엄밀한 운영은 환경에도 도움이 된다. 여기서 문제가 되는 건 낡은 옷에 대한 세상의 편견이다. 이걸 극복하기 위해 브랜드들은 낡은 옷만이 낼 수 있는 멋을 표현한 화보 같은 걸 계속 내놓는다. 이미지 변화를 대신해주니 일상복 생활을 평온하게 유지하는 데도 큰 도움이 된다.

레플리카 청바지 문화도 있다. 여기에는 좀 더 적극적으로 옷이 낡아가는 과정을 관찰하는 게 아예 포함돼 있다. 1970년대 펑크, 하드록, 헤비메탈을 거치며 찢어지고 낡은 청바지는 패션의 하나로 자리 잡았다. 하지만 이 또한 패션적인 접근 방식으로 단지 반항을 표현하기 위해 청바지를 찢어놓았을 뿐이지 필연적 이유가 있지는 않다.

레플리카 청바지 트렌드는 이런 식의 조작된 낡음에 대한 반감이다. 그러기 위해서는 상당한 과정이 필요하다. 우선 예전 방식의 기계와 제조법으로 당시와 같은 청바지를 복각한다. 이렇게 만들어진 청바지는 무가공된 새파란 옷이다. 그런데 데님과 인디고 염색은 자주 움직이는 부분이 쉽게 닳고 물이 빠지는 특성이 있다. 따라서 옷을 입는 사람이 어떤 일을 하고, 어떤 생활을 하는지에 따라 고유의 패턴이 옷에 새겨진다. 따라서 이걸 몇 년에 걸쳐 입고 다니면 아주 선명한 개인화의 흔적이 남는다. 그 선명함을 위해 옷을 되도록 세탁하지 않기도 한다. 이렇게 형성된 옷 위의 흔적은 제조사에서 만든 가상의 페이드 진 또는 혼자 커터 칼을 들고 여기저기 찢은 부자연스러운 낡음과는 다르다. 즉, 자신의 삶이 직접 반영된 단 하나의 옷이 된다. 그리고 이렇게 오랜 시간에 걸쳐 자신만의 페이딩 진을 만들고 그걸 소셜 미디어에 전시하며 서로 평가하기도 한다.

지금까지 말한 옷을 오래 입는 여러 접근 방식은 옷 자체가 가진 고유의 특성을 이용해 변화시키며 자기만의 흔적을 만드는 데 초점을 맞추고 있다. 그렇게 보면 기존의 옷 입기보다 더 적극적인 자기만의 스타일 만들기라고도 할 수 있다. 하지만 이건 애초에 패셔너블을 향해 가는 건 아니다. 꾸준하고 반복적인 일상복 생활의 결과로 만들어지는 것이다. 단, 옷을 오래 입으면서 즐거움을 찾는 일에는 사실 전제 조건이 하나 있다. 좋은 옷을 골라 잘 관리하면서 함께 5년, 10년을 지내려 해도 그사이에 몸이 변하면 다 소용없는 일이다. 자신의 몸에 관심을 가지고, 적어도 현재 상태를 건강하게 관리하는 일을 반드시 함께 해야 한다.

오래 입는 즐거움을 누리기까지는 시간이 좀 걸린다. 하지만 옷은 매일 입어야 하니 제대로 샀다면 결국 도착하긴 한다. 이런 '오래 사용함'을 만나기 위해서는 옷을 고르는 데 고려할 게 몇 가지 있다. 즉, 오래 사용할 수 있는 섬유로 만들어져야 하고, 오래 사용할 수 있는 생김새여야 한다. 이렇게 고려해야 할 요소에 관해서는 뒤에서 더 자세히 살펴보겠다.

5. 지속 가능한 패션

앞에서 언급했듯 일상복 생활을 정립해야 하는 이유 중 하나가 환경 문제다. 패션 산업은 여러 문제를 일으킨다. 아무리 폼나는 최신 디자인의 패션이라 해도 결국 면 농사와 양 사육, 부자재와 섬유 제조 공장과 염색 공정 등 전통적인 산업의 기반 위에 있기 때문이다. 옷 하나가 만들어지면서 나오는 쓰레기와 이산화탄소, 물 등은 눈에 잘 띄지 않아도 워낙 많은 양이 생산되고 게다가 생산 지점이 세계 곳곳에 광범위하게 흩어져 있다.

　　　바다 건너에서 날아오는 미세 먼지와 매년 변화하는 기후, 녹고 있는 빙하와 점점 더 올라가고 있다는 해수면 이야기에서 알 수 있듯이 이건 한 나라나 회사에서 해결할 수 있는 문제가 아니다. 교토 의정서와 파리 기후 협정으로 이어지는 범국가적인 노력 속에서 패션 분야도 이 흐름에 동참해야 할 필요성이 더욱 높아졌다. 그러면서 '지속 가능한 패션'이라는 말이 본격적으로 등장했다. 어차피 안고 가야 할 일이라면 빨리 시작해서 잘하는 게 낫다. 글로벌급의 대형 회사들은 이미 지속 가능한 패션이나 정부 정책 대응과 관련된 부서를 만들어놓고 자체 로드맵을 제시하고 있다. 또 여러 브랜드에서는 배출되는 이산화탄소 감소와 물 절약, 재활용 등에 초점을 둔 서스테이너블(지속 가능한) 컬렉션도 선보이고 있다.

　　　대형 패스트패션 매장에서는 재활용 수거 안내도 볼 수 있다. 이게 사회적 의무에서 나온 선의든, 미래의 브랜드 이미지를 위한 마케팅이든 실질적인 개선책을 시행하는지가 더 중요하다.

이런 걸 두고 제품을 더 많이 판매하려는 전략으로 보는 사람들도 있다. 패스트패션 브랜드들은 저렴한 가격과 과다 생산의 상호 작용으로 패션 산업에 의한 환경오염을 가속화한 장본인이지만, 지속 가능한 컬렉션을 추가

해서 판매하고 있다. 결과적으로는 세상의 옷이 더 많아
질 뿐이다.

하지만 세상일이 그렇듯 어느 한쪽의 의도만으로는 미
래가 결정되지 않는다. 공급에는 소비라는 다른 축이 있
기 때문이다. 환경오염과 재활용 등 지속 가능성의 문제
를, 규제에 따른 의무에서든 마케팅의 일환이든 브랜드
에서 자꾸 이야기할수록 관심을 가지게 되는 사람도 계
속 늘어난다.

좀 더 큰 행사로는 매년 열리는 코펜하겐 패션 서미트[2]
가 있다. 패션 기업, NGO, 학자 등이 모여 5월에 열린
2018년 서미트에는 케링(구찌와 푸마 등의 본사), H&M,
타깃, 아디다스, 인디텍스(자라), VF 코퍼레이션(노스페
이스, 반스, 이스트팩 등의 모기업) 등 많은 패션 기업과
리테일 체인이 참가했다. 2018년 회의의 경우 제조 공정
에서 재사용, 재활용에 이르는 순환적인 패션 시스템을
2020년까지 완성하자는 목표를 설정했고, 서른 곳이 넘
는 기업이 여기에 동참했다.

이런 지속 가능한 패션의 움직임 안에서 나온 흥미로운
사례도 있다. 천이나 가죽을 잘라 바느질로 연결한 전통
적인 운동화와 다르게 최신 운동화 중에는 얼기설기한
몸체나 양말에 밑창을 붙여놓은 것처럼 생긴 게 있다.
가볍고 편안해서 인기가 있지만, 기존 제품에 익숙한 눈

으로 보면 '이건 대체 뭐지?' 싶은 생각이 들기도 한다. 그런데 나이키에 따르면 그렇게 생긴 대표적 모델 중 하나인 플라이니트의 경우 전통적인 제조 방식보다 60퍼센트나 적은 쓰레기가 나온다고 한다.[3]

이런 식으로 패션 브랜드들은 친환경 소재와 제조 방식을 연구하고, 이걸 기반으로 새로운 디자인을 내놓는다. 이렇게 보면 우리가 매일 입는 일상복도 앞으로 소재가 바뀌고, 연결점을 줄이고, 쓰레기가 덜 나오는 방향으로 디자인되면서 모습이 꽤 변하게 될 가능성이 있다. 예컨대 유니클로의 스웨터인 '3D 유니트(U-Knit)'는 일본의 시마세이키(島精)와 합작해 홀 가먼트(whole garment) 방식으로 만드는데, 말 그대로 무봉제 방식이다. 실밥이 나오지 않고 실 사용량도 줄어 환경친화적이라 한다. 모습은 그동안 우리가 입던 니트와 비슷하지만 봉제선이 없어서 전체적인 모습이나 디테일에는 차이가 많다. 앞으로 이렇게 만든 니트가 늘어나면 사람들에게 익숙한 스웨터의 모습도 바뀔 것이다.

환경 문제가 사람들의 관심을 모으고 있지만 아직 갈 길이 멀다. 이게 트렌드로 자리 잡았다는 건 좋은 초기 조건이다. 특히 패션에서는 구시대적이고 촌티 난다는 이미지가 붙고 일단 자리를 잡으면 다시 거스르기 어렵다. 모피 같은 제품이 그렇게 흘러갔다. 덕분에 많은 브랜드

https://news.nike.com/news/four-years-of-nike-flyknit

에서 부담 없이 모피 옷을 더 이상 내놓지 않겠다는 선언을 할 수 있게 됐지만 말이다.

이제껏 패션의 지속 가능성에 대한 논의는 소재의 출처, 생산 방식, 재활용 방안 등 주로 생산자에 초점이 맞춰져 있었다. 물론 이게 가장 중요하다. 하지만 소비의 측면도 중요하다. 패션이 왜 가장 소모적인 산업 취급을 받고, 패션 브랜드는 그렇게나 많은 옷을 만들고 있을까? 수많은 소비자가 옷을 너무 많이 사고, 쉽게 버리기 때문이다. 옷을 사고 소비하는 방식에 대한 재정립이 필요하다.

요즘 들어 지속 가능한 패션에 대한 책임이 생산자에서 소비자로 확대되고 있다. 옷을 살 때부터 디자인뿐 아니라 지속 가능한 패션을 고려하라는 조언을 자주 듣는다.[4] 즉, 옷을 살 때 디자인과 핏만 볼 게 아니라 라벨을 자세히 읽고, 옷에서 어디에 문제가 생길 수 있는지, 어떻게 관리하고 수선할 수 있는지 확인해야 한다. 잘 입지도 않고 오래 버틸 수 없는 옷을 집에 들이는 일 자체가 낭비의 시작이다.

하지만 소비자 입장에서 이런 식으로 모든 옷을 갖춰가는 건 쉬운 일이 아니다. 적당한 낭비는 군것질처럼 인간의 본성이고, 지나치지만 않다면 팍팍한 현대사회를 버틸 수 있는 윤활유가 되기도 한다. 새로운 제품을 만나고 사용하다 보면 기존의 물건에 대한 시야가 넓어지

4   리드레스, 『드레스 윤리학』, 김지현 옮김, 황소자리, 2018년, 34-41쪽.

는 경우도 많다. 규칙이 사람을 피곤하게 하고 의무가 돼버리면 부담이 생겨서 재미도 없어진다. 따라서 할 수 있는 만큼 습관이 되도록 정착시키는 게 중요하다. 더 나아가 좀 더 명확하고 확실한 방향 설정과 적절한 규제를 통해 오래 입을 수 있는 좋은 옷을 사고 잘 관리하며 입는 게 환경을 보호할 뿐 아니라 더 멋진 일이라 여겨지는 사회를 만들어가는 게 지속 가능한 패션을 유지할 가장 확실한 방법일 것이다.

    지금까지 일상복이 뭐고, 왜 패션과 분리해야 하는지 생활과 사회 등 여러 측면에서 알아봤다. 이제 어떤 옷이 일상복에 적합하고, 어떻게 관리해야 하는지 살펴보자.

53   일상복의 운영

일상복을 운영할 때 염두에 둬야 할 게 몇 가지 있다. 여러 번 강조했듯 목표는 일상복처럼 반복되는 일을 생활의 리듬 속에서 자연스럽게 이뤄지도록 하는 것이다. 챙길 일이 너무 많아져 부담이 되거나 생활 자체를 방해하면 안 된다. 관리에서 오는 스트레스가 매일 하는 세수나 양치, 치실 사용 정도의 수준을 넘어서면 제품에 지쳐버린다. 어느 수준 이상으로 습관화돼 있지 않은 이상 무질서하고 비체계적어서 낭비와 비효율이 계속되던 과거로 쉽게 돌아가버린다. 일상복을 운영하는 데 가장 중요한 건 지속 가능성이다. 그렇다고 계획을 너무 설렁설렁해도 곤란하다. 적절한 긴장은 일상을 더 활기차게 만든다. 습관이 됐을 때 부담이 없는 정도가 좋다.

　　가끔 기분 전환이나 스트레스 해소를 목적으로 옷장의 옷을 모조리 꺼내서 세탁을 하거나 정리를 하고 싶을 때가 있다. 하지만 계절이 바뀌었거나 옷장에 미지의 생물이 살고 있는 듯한 의심이 드는 게 아니라면 그런 즉흥적인 행동은 하지 않는 게 낫다. 행운이든 불행이든 평온한 일상의 리듬을 망가뜨린다. 게다가 불필요한 일을 열심히 하는 것만큼 무의미한 게 없다. 스트레스는 다른 데서 풀고 이런 건 그냥 하던 대로 하는 게 가장 좋다. 일단 선택을 한 뒤에는 신경 쓰지 말고 그냥 막 입고 다녀야 한다. 사전 정보를 확보하는 데 시간을 들이고, 고민의 과정을 구매에서 사용했다. 모두 부가적인 신경 쓰임을 방지하기 위해서 한 일인데, 사놓고 괜히 고민해봤자 시간 낭비다. 더 잘 사용할 방법을 찾는 게 낫다. 입을 때마다 신경 써야 할 구석이 있는 옷이 있는데 그런 옷은 되도록 처음부터 고르지 않는 게 좋다.

매일 옷을 고르고, 입고, 세탁하는 과정에서 목표를 선명하게 설정하고, 그걸 기반으로 단순화해 더 이상 신경을 쓰지 않도록 만드는 게 일상복을 체계적으로 운영하는 목적이다. 그 길은 다른 사람을 방해하지 않고, 방해도 받지 않는 방향으로 구성돼야 한다.

이런 의복 생활의 단순 명료화와 함께 이왕 쓰는 시간이니까 옷의 잠재력을 함께 가져가면 좋다. 하지만 모든 옷이 다 이런 식으로 낡아가진 않는다. 따라서 옷장의 구성 방식과 조합이 중요하다. 이 조합 역시 무신경하게 만들어질 수 있어야 한다. 그리고 이때는 방향 설정이 명확해야 엉뚱한 길로 들어설 옷을 막무가내로 사는 실수를 줄일 수 있다.

물론 아예 안 되는 것도 있다. 치노 팬츠나 청바지를 입고 오래 앉아 있는 사람은 엉덩이 쪽이 해지기 시작한다. 레플리카 브랜드들이 페이딩 샘플로 웹사이트에 올려놓은 사례는 오래 앉아 있는 사람들이 도달할 수 있는 수준이 아니다.

몇 년간 이 문제를 해결하려고 이런저런 실험을 해봤는데 방법이 거의 없는 것 같다. 엉덩이에 천을 덧대 닳는 걸 방지하는 바지가 있긴 하다. 예컨대 카우보이와 로데오용 바지를 꽤 내놓던 리나 랭글러, 복각 바지를 만드는 웨어하우스 등의 제품 중에는 가랑이 사이에 천을 덧댄 옷이 있다. 말이나 소를 탈 때 그 부분이 잘 터지기 때문인데, 실제로 말이나 소를 타지 않는 한 이런 걸 입는 건 그 어색한 모양 때문에 약간의 용기가 필요할 뿐 아니라 불편하기까지 하다. 그런 걸 감수할 만하다면 시도해봐도 나쁘지 않다.

제2차 세계대전 당시 미 해병대에서 입던 헤링본 소재의 P-44처럼 엉덩이 쪽에 큼지막한 주머니가 달린 바지도 있다. 포복할 때 수류탄 같은 걸 넣어두는 용도였다는데, 지금은 바지가 해지는 걸 막아주는 역할을 한다. 이 바지도 버즈 릭슨이나 리얼 맥코이 같은 유명한 복각 브랜드뿐 아니라 라이크 어 라이언 같은 국내 복각 브랜드에서도 나오고, 이런 정밀한 복각보다 저렴한 제품도 많아서 선택의 폭이 꽤 넓다. 게다가 인기도 없어서 중고 사이트에서 꽤 저렴하게 거래된다.

이쪽 역시 취향이 아니라면 일상복으로 적합한 형태는 아니다. 밀리터리 코스프레를 하는 사람들에게는 좋은 옷을 저렴하게 구할 수 있겠지만, 인기가 없는 건 보통 이유가 있다. 천을 덧대는 데 엉덩이처럼 마찰이 많은 부분이면 모서리 부분에 마찰이 지나치게 생겨 오히려 더 빠르게 닳는 부분도 생긴다. 옷이라는 게 무조건 덧댄다고 더 튼튼해지는 게 아니다.

이런 식으로 일상복의 운영은 생활 속에서 맞닥뜨리는 부분을 발견하고, 해결책을 탐색하고, 괜찮은 대안이 있다면 일상복의 순환 주기에 넣어 함께 늙어가는 식으로 진행하면 된다.

1. 일상복 운영으로 얻으려 하는 것

1.1. 평온함

일상복을 운영하는 건 정기적인 수면이나 식사와 비슷하다. 자유를 얻겠다고 배고프면 아무 때나 밥을 먹고 졸리는 자는 생활을 이어가다 보면 어느새 시도 때도 없이 배가 고파지고 잠이 온다. 음식과 잠의 효율이 떨어질 뿐더러 건강도 망친다. 그래서 규칙적으로 식사를 하고 잠을 자는 일이 중요하다. 규칙에 너무 지배당하는 게 아닌가 하는 인간 특유의 억울함이 들지 모르지만, 그래야 나머지 시간을 쓰고 싶은 곳에 잘 활용할 수 있다.

일상복 운영 역시 반복되는 일이고 시간과 돈, 체력과 정신적 에너지 같은 비용이 든다. 무슨 옷을 살지, 매일 아침에 무엇을 입을지 골라야 한다. 입었으면 세탁을 해야 하고, 다림질이 필요한 옷이 있는가 하면 수선을 해야 할 때도 있다. 언제쯤 그만 입고 버릴지, 어떻게 처리할지도 정해야 한다.

여기에는 수도 없이 많은 선택지와 방향이 있다. 옷의 세계는 끝없이 넓기 때문에 가기 시작하면 길이야 한없이 있다. 인생은 짧고, 다른 일도 많고, 옷으로 재미를 보면 패션 쪽에 심취하는 게 옳다. 매일 패셔너블할 필요

도 없고, 패셔너블함도 계속 변하기 때문에 그걸 따라갈
수도 없다. 그냥 입는 건 그냥 입는 대로 두는 게 낫다.

일상복을 운영하는 건 적당한 에너지와 시간을 옷에서
분배하는 일이다. 물론 교복이나 제복 같은 걸 매일 입
으면 더 간단해지지만, 그러면 또 너무 재미가 없어진다.
그 자체로 이미 비효율이다. 따라서 일상복으로 살 수
있는 범위를 약간 한정하고, 뭘 입을지 결정해야 하는
부분을 순환식으로 구성해 매일 결정하고 생각할 부분
을 단순화해 나머지 시간을 더욱 즐겁고 보람 있는 부
분에 쓸 수 있도록 정신적 평온함을 얻는다.

1.2. 즐거움

일상복을 체계적으로 운영하다 보면 즐거워진다. 이 즐
거움에는 몇 가지 종류가 있는데, 우선 관리 자체에서
오는 즐거움이다. 생활에 일정한 리듬을 만들고, 적당한
자극을 주는 건 처음에는 귀찮을지 몰라도 막상 해보면
꽤 재미있다. 효율적 관리의 기본을 깨닫고 그 범위를
확장할 수도 있다. 물론 청소나 요리 등 사람마다 시작
점은 조금씩 다를 수 있다. 일상복 분야도 매일 뭐라도
해야 하는 종류이기 때문에 생활의 리듬 속에서 기준을
잡아줄 수 있는 유리한 조건을 가지고 있다.

게다가 계속 시간을 쓰고 있으면서도 무심하게 지나치
던 옷의 내부 사정을 좀 더 자세히 들여다보기 때문에 옷
에 대해서도 좀 더 알게 되고, 이런 경험이 이후 일상복

구입과 관리를 더욱 효율적으로 만들어갈 수 있다. 원래 옷은 평생을 입기 때문에 나이만큼의 경력자가 되는 게 정상이다. 계속 경험을 쌓고 있으면서도 그저 지나치고 있었을 뿐이다.

그렇지만 일상복을 관리하는 가장 큰 즐거움은 옷을 곱게 낡아가도록 유도하는 데서 온다. 옛날 작업복을 떠올려보면 된다. 작업복은 일단 튼튼하게 만드느라 뻣뻣하기 때문에 불편하기도 하고 능률의 문제도 있고, 혹시 사고가 생길 수도 있어서 일부러 세탁을 하고 마찰을 준다. 오랫동안 작업을 하다 보면 거기에 맞게 닳고 주름이 생겨 더 안전하고 능숙한 작업을 가능하게 해준다. 일상의 작업복이라고 할 수 있는 일상복 역시 사용할수록 입는 사람의 몸에 맞게 변형되고, 부드러워지며 세월의 흔적을 담게 된다.

처음 상태를 유지하려고 애쓰거나 그렇다고 일부러 낡아 보이려고 애쓰지도 않는 게 핵심이다. 부자연스러움은 옷을 더 못나게 만든다. 하지만 여전히 많은 사람이 처음 샀을 때의 모습을 보존하려 한다. 그런 건 젊음을 유지하는 불사의 약을 찾아다니는 것처럼 무의미하다. 사람이 나이를 먹는 걸 거스를 수 없듯 옷도 무조건 낡는다. 그러니 어떻게 낡는지에 집중하는 게 옳다.

옷을 오래 입는 데는 이런 자기 만족적 즐거움만 있는 게 아니다. 세계 하이패션의 진행 방향과 패스트패션의 도래, 의류 산업과 관련된 환경과 노동문제 NGO, 미칠

듯 뜨거워지는 여름의 열대야와 태풍의 낯선 진행 방향, 겨울의 이상 한파 등 세상의 많은 변화가 옷을 잘 골라서 오래 입는 게 세상에 도움도 된다고 말하고 있다.

> 하지만 그렇다고 모든 옷을 마냥 오래 입어가며 카피탈의 카탈로그에 나오는 제품처럼 전체가 수선 자국으로 덮인 옷만 잔뜩 가지고 있는 것도 사실 곤란하다. 되도록 아주 오래 입는 옷의 범위를 좁히는 게 좋다. 종목당 하나 이상을 넘지 않는 것을 권한다.

일부러 오래 갈 만한 옷을 찾아다니는 것도 평범한 일상복 생활에 적합하지 않다. 근처에서 쉽게 구할 수 있는 옷 중에서 오래 입을 수 있을 만한 몇 가지 특징을 지는 옷을 선택하고, 그런 옷을 잘 관리하면서 제 수명만큼 입으면 된다. 일상적인 일은 아무래도 지나치게 목표점이 높은 과업을 설정하고 몰입하면 너무 힘이 든다. 계속 말하지만 적당히 할 수 있는 걸 꾸준히 하는 게 가장 좋다.

1.3. 건강

어느 분야든 다 그렇지만 옷의 운영 측면에서도 건강은 매우 중요하다. 여기서 건강은 다이어트나 벌크업 같은 게 아니다. 아무리 옷을 잘 관리해서 세탁하고 수선하면서 입기 시작한 지 5년, 10년이 흘러 곱게 낡아 마음에 꼭 들어봤자 몸이 변해버리면 소용이 없다. 옷을 오래 입으려면 몸이 그대로여야 한다. 물론 이게 안 되는 경우는 많다. 질병뿐 아니라 마음의 변화, 환경의 변화, 상황의 변화 등 몸을 변하게 하는 요인은 많다.

그런 걸 완전히 막을 수는 없다. 옷을 오래 입어보겠다고 체형 유지에 지나친 에너지를 들이는 것도 앞뒤가 맞지 않는다. 그렇다 해도 건강하고 활동에 무리가 없는 신체 상태에 도달해 있다면 되도록 그걸 그대로 유지하는 일이 중요하다. 그러려면 규칙적인 생활, 바른 식생활, 알맞은 운동이 필요하고, 그 결과로 건강을 유지할 뿐 아니라 옷도 오래 입을 수 있다.

이건 더 큰 흐름 아래 있다. 일상복이 하이패션의 자리를 차지하게 되면서 전형적인 남성상과 여성상을 정해놓고, 그걸 강요하며 멋지다는 이야기를 듣는 시절은 지나갔다. 무리한 다이어트보다 건강이 먼저가 돼야 한다. 오지랖을 부리며 더 말랐으면 좋겠다고 떠드는 사람은 배척하고 배제하고 모욕해야 한다. 그러다 보면 기존 관념에 얽매인 구시대인의 반발을 만날 수 있고, 원하는 걸 이루는 데 생각보다 많은 시간이 걸릴 수도 있지만 21세기의 현대인이라면 반드시 해내야 할 숙제다.

패션과 독립된 일상복 생활에서도 건강과 체형을 유지하는 건 중요하다. 체형이 달라지면 옷을 오래 입으면서 숨은 매력을 끌어내보겠다는 목적도 이룰 수 없다. 이 체형은 되지도 않을 이상적인 상태 같은 걸 목표로 할 이유도 필요도 없다. 옷을 입어보기도 전에 몸이 먼저 병들거나 아예 시작도 할 수 없다. 자신이 가장 알맞게 생활해나갈 수 있는 상태가 당연히 가장 좋은 상태다.

일상복의 효율적인 운영을 위해 선택한 옷의 수명은 생각보다 길다. 따라서 신체 관리를 너무 하지 않거나 지나친 자기 기준으로 너무 관리하다간 이 역시 건강을 해칠 수 있다. 그러다 보면 애써 골라놓은 좋은 옷들보다 먼저 세상을 등질 수도 있다.

　　게다가 순전히 옷을 운용하는 관점에서 바라보면, 체형이 변화하면 옷 역시 대대적으로 바뀌어야 하니 비용이 많이 든다. 하여간 큰 변화는 생각지도 못한 지출을 만들기 마련이고, 그런 예외적인 상황을 막고 평온한 생활을 유지하기 위해서라도 꾸준히 조금씩 건강 관리에 비용을 지출해야 한다. 그리고 비용의 문제 외에 옷의 효용과 효과를 높이는 데도 건강이 중요하게 작용한다. 멋대로 마음에 드는 걸 입는다지만 적어도 자기 자신이 느꼈을 때 이상하지 않다, 기분이 나쁘지 않다 정도는 기본이 되는 옷들이다. 그 속의 미묘한 실루엣이나 질감 등 옷에 숨겨져 있는 매력은 옷을 오래 입었을 때만 나오는 게 아니고 몸에 잘 들어맞아 있을 때, 몸이 옷을 잘 보호해주고 있을 때도 뿜어져 나온다.

사실 자신이 생각해도 괴상한 아이템을 사용하거나 어색한 매칭을 시도해보는 것도 나쁠 건 없고, 의복 생활의 일부로서 적극적으로 권장할 만한 태도이긴 하다. 하지만 기존의 평범한 옷을 괴상하게 입는 것보다는 원래 괴상한 걸 찾아 입는 게 맞다. 뭐든 정 사이즈를 입어야 제작자의 의도도 잘 드러나기 마련이다. 멀쩡한 옷을 괴

상하게 입으려 하거나 괴상한 옷을 멀쩡하게 입으려 하
거나 모두 행동을 부자연스럽게 만든다. 어색하지기기
위해 옷을 입는 게 아니다.

　　건강과 체형 유지를 바탕으로 한 바른 자세도 중요하다.
나쁜 자세는 옷을 만든 사람이 생각지도 못한 부분에 압
력과 마찰을 가할 수 있고 그런 부분이 옷의 수명을 줄
여놓는다. 잘못된 자세가 자신의 수명을 줄이는 것 역시
말할 필요도 없다. 이런 식으로 일상복 생활은 생존을
위한 다른 생활과 밀접하게 결합돼 있기 마련이다. 서로
서로 양질의 상태로 이끈다.

감각이 있거나 관심이 있어서 보고 들은 게 있는 사람들
은 옷을 가지고 어떻게 해보면서 체형과 자세를 숨겨가
며 알아서 잘하겠지만 장기적으로 봤을 때 크게 도움이
될 만한 부분은 아니다. 그리고 애초에 숨길 일도 아니다.

　　사실 패션에 관해 이야기하는 거의 모든 잡지, 방송, 책
등이 그런 목표를 향한다. 일상복으로 입으라는 옷도,
일상 유지를 위해 만들라는 몸도 정상 상태가 아닌 게
너무 많다. 개성을 찾으라 말하면서 입으라는 걸 보면
결국 다 똑같게 만들려는 것처럼 보인다. 옷을 입은 모
습은 몸의 형태와 동작의 특징에 따라 크게 달라진다.
애초에 전혀 다른 사람을 고려하고 만들어진 옷과 스타
일링 제안은 막상 입고 움직여보면 어색하고 불편한 경
우가 많다.

그런 팁의 멋짐은 타인을 향하고 체형과 혈색의 멋짐도

마찬가지다. 하도 "멋지다, 멋지다." 하면서 반복하니 남들이 이야기하는 게 자신에게도 멋지게 보이는 거라고 착각해버리기 일쑤다. 물론 뭐든 사들이는 소비는 즐거운 일이겠지만, 쓸데없는 데 지나치게 쓰는 건 역시 아깝다. 엉뚱한 데 써버리는 바람에 더 재밌는 걸 못할 수도 있기 때문이다.

멋진 모습이 무엇인지에 관해서도 사람마다 많이 다르다. 어떤 사람은 최고로 핫하고 트렌디한 제품을 사 입으면서 그게 멋지다고 생각한다. 지속 가능한 패션이나 모피 반대 등 사회적 관심을 보이는 패션이 멋지다고 생각하기도 하고, 편하기만 하면 최고로 좋다고 생각하는 사람도 있다. 그런가 하면 타이트하게 온몸을 압박하는 불편함에서 즐거움을 찾는 사람도 있다. 모두 다 즐거운 자기들만의 세계다.

이상적인 답은 자신을 파악하고 동시에 트렌드의 흐름도 정밀하게 파악해 그 사이의 접점을 찾아 적용해가는 것이다. 하지만 '이상적'이라는 말이 이미 알려주듯이 이건 불가능하다. 패션에 그 정도의 시간과 비용을 쓸 수 있는 사람은 그게 직업이 아닌 한 극히 드물다. 다들 각자의 사정이 있고 할 일도 많다. 옷이 어느 정도의 중요성을 가지고 있는지도 다르다. 즉, 멋짐에 큰 관심 없이 살다가 문득 멋지게 보이려는 목표를 잡아봤자 뭘 보고 따라 하든 제대로 될 리가 없다. 멋진 옷차림을 만드는 건 시행착오와 도전, 감각의 훈련과 반복이 필요하다. 따라서 그런 이룰 수 없는 목표를 정해놓고 돈만 쓰다가 금세 좌절하느니 쉽고 간단한 것부터 시작하는 게 낫다. 하지만 이 시작점은 옷이 아니다.

건강함은 오랫동안 멋진 모습의 기본으로 여겨져왔지만 요즘 들어 더욱 관심의 대상이 되고 있다. 이건 멋짐의 기준을 타인의 시선에서 자기 자신의 만족으로 바꿔가고 있는 큰 흐름의 일부이기도 하다. 하이패션 브랜드와 미디어가 끊임없이 밀어붙인, '말랐는데 근육질', '날씬한데 글래머' 같은 비정상적인 체형에 적합하도록 만들어놓은 옷을 가지고 왜 내가 입으면 광고 사진처럼 안 보일까 하며 불필요한 좌절을 하던 시절을 끝내기 위해 많은 사람이 지금도 패션 안팎에서 노력한다. 일상복을 효율적으로 운영하기로 했을 때 가장 먼저 출발해야 하는 지점은 건강 관리다. 옷을 입은 모습의 많은 부분이 실제로는 옷보다 얼굴빛과 표정이 만들어낸다. 어두운 표정에 지친 모습을 패셔너블한 옷으로 반전시킬 수 있다고 기대하지만 사실 뭘 입든 그림자만 더 짙게 만들 뿐이다.

2. 하지만 반드시 지켜야 하는 게 있다

2.1. 사회성

옷을 멋대로 입고 다니는 게 최근의 트렌드이자 패션이 나아갈 방향이라고 했을 때 그 의미를 오해하는 경우가 있다. 패션의 경우 옷의 예술성이나 도발성이 주된 내용이고, 따라서 허용의 범위가 일상복보다 넓을 수는 있다. 그럼에도 사회 속에서 타인과 함께 지낸다는 더 큰 틀에 종속돼 있다는 사실은 바뀌지 않는다.

하지만 옷의 모습이야 자기 주변의 사람들에게 피해를 주지 않는 정도면 되고 지나치게 반인륜적인 프린트 문구 같은 것만 아니라면 허용의 범위가 그래도 넓어야 한다. 즉, 지하철에 앉았을 때 옆 사람을 찌르거나 닿거나 하는 정도만 아니면 큰 문제는 없다. 혹시 그걸 넘어서고자 한다면 다른 차량을 이용한다든가 하는 대책이 있으면 되고, 그 역시 살 때부터 옷을 입는 비용에 포함해서 생각할 수 있다. 비즈니스나 격식이 필요한 자리라면 눈치껏 적당히 TPO의 선을 따라가면 된다.

기존 복식 규칙에 반항을 하고 싶은 사람들에게 긍정적인 소식이라면 사회 전반적으로 TPO의 구속력이 옅어지고 있다는 건데, 스트리트 패션의 메인스트림 도래에 따라 룰 자체가 바뀌고 있다는 점도 있고, 일상이 다른 일로 너무 바쁘다 보니 그런 걸 수도 있다. 복식 규정이 적용되는 대표적 장소라 할 수 있는 결혼식장이나 장례식장 같은 곳에 꾸준히 가본 사람들은 최근의 변화를 어느 정도 느낄 수 있을 것이다.

또 주의해야 할 건 의복의 적절한 배치다. 이건 실제 운용에서 생각해볼 만한 사항인데, 낡은 옷을 입을 때는 가능하면 다른 옷이나 가방 등 액세서리는 의도적으로

라도 깔끔한 종류로 입는 게 낫다. 중고 가게에서 산 빈티지 의류를 자주 입는 사람도 마찬가지다.
물론 카피탈의 룩북이나 비비안 웨스트우드, N. 할리우드의 몇몇 컬렉션에서 등장한 홈리스 패션이란 게 있긴 하다. 올슨 자매가 한때 유행시킨 레이어드 룩과 특 오버사이즈의 아우터가 특징인 홈리스 패션을 응용한 사례도 있다. 하지만 애매하게 패션이 유입된 일상복은 언제나 효과가 좋지 않고, 또 온통 낡은 걸 착용하고 있으면 어지간한 감각을 가지고 매칭을 하지 않는 한 그저 낡기만 한 모습이 된다. 이건 절대적인 건 아니지만 고려할 만한 요령이다.

이렇듯 적절한 자리에 적절한 일상복을 입는 것도 당연히 중요하지만, 정말 고려해야 하는 사회성은 사실 TPO가 아니다.

2.2. 세탁과 청결

일상복 생활에서 특히 몸이나 옷보다 중요한 건 청결과 세탁이다. 앞에서 말했듯 옷은 모습만으로 실질적 피해를 입힐 일이 없다. 가끔 보는 것만으로도 신경질이 난다면서 '보지 않을 자유' 같은 걸 말하는 사람들이 있다. 심지어 신문에 기사로 나오기도 한다. 하지만 보는 것 정도는 가볍게 고개만 돌리면 해결되는 문제다. 그런 걸 가지고 타인의 자유를 억압할 수는 없는 법이다.

사실 남이 뭘 입고 있는지 볼 이유도 전혀 없다. 굳이 상관도 없는 타인의 옷을 보고 거기에 말까지 붙이고 있는 사람의 잘못이다. 벗고 입든 입고 있든 다 남의 인생이다. 왜 그런 선택에 이르렀는지, 그 기나긴 인생의 과정과 경험은 아무도 이해하거나 상관할 수 없다. 집중하고, 고민하고, 엄정한 잣대를 들이대야 할 건 자신의 몸과 옷뿐이다. 하지만 이상하게도 남의 몸과 옷에 대해 말이 참 많다. 이런 문화를 배격하는 건 우리가 빠르게 해결해야 할 숙제다.

이상하게 생긴 옷은 남에게 피해를 입힐 일이 별로 없지만 냄새는 전혀 다른 문제다. 옆 사람에게 뭔가 묻히기라도 하면 그건 더욱 심각하다. 더운 여름에는 특히 그렇다. 그렇지 않아도 지구온난화로 인한 폭염, 열대야로 불쾌지수가 엄청나게 높아지고 피곤도 잘 풀리지 않는데, 지하철 같은 데서 이런 피해는 너무나 직접적이고 강력하다. 열이 나는 건 온혈동물로 태어난 이상 어쩔 수 없다. 이런 문제 앞에서는 선천적인 것과 후천적인 걸 잘 구분해야 한다.

옷은 잘 세탁하고, 몸은 잘 씻어야 한다. 일정 부분을 세탁소에 맡겨 외주화를 한다든가, 뭐든 직접 하든가 하는 건 상관없지만 정기적인 세탁은 옷의 책임자로서 반드시 갖춰야 할 기본적인 의무이자 덕목이다.

세탁은 위생의 측면에서 건강과도 관련이 있겠지만, 이 역시 입고 다니는 옷을 알아가는 과정이다. 세탁을 하며 옷을 자주 들여다보면 어떤 특성이 있는지, 어디에 약하고 어디에 강한지 등을 깨닫게 된다. 그 경험도 다음 옷의 구매와 일상복 순환의 문제점을 개선해나가는 데 영향을 미친다. 옷이나 옷감의 특징을 알아야 그다음으로 나아갈 수 있다.

일상복의 수명을 늘리는 데도 큰 역할을 한다. 땀이나 먼지, 오물이 묻었는데 제대로 세탁하지 않고 다니면 습기가 들어찬 면섬유는 세균이 살기 딱 좋은 환경이라서 금방 약해진다. 방에 두면 공기 중에 뭐가 날아다닐지도 모를 일이다. 몸이 청결하지 않다면 옷만 열심히 세탁해 봤자 역시 소용없는 일이니 몸도 열심히 씻어야 한다. 체형을 유지하고 똑바로 서서 제대로 걷고 잘 세탁한 옷을 열심히 입는 게 일상복의 능력치를 최대한 끌어내고 오랫동안 입을 수 있게 만든다. 물론 해보면 특히 바른 자세의 유지 같은 게 생각보다 훨씬 어려운 일이라는 걸 금방 깨닫는데, 몸과 옷 모두에 긍정적인 영향을 미치게 될 건 분명하다. 이렇듯 일상복 운영은 건강, 세탁, 청결을 유지하는 일과 밀접하다.

3. 최적의 규모와 주기는 어떻게 결정되는가

열심히 입는 게 좋다 해도 무조건 계속 입는다고 좋을 리 없다. 사람처럼 옷에도 휴식이 필요하다. 신발같이 압력과 충격을 버티며 동시에 세상과 계속 부딪히는 아이템은 더욱 그렇다.

일상복의 구성은 그저 다양하다고 좋은 게 아니다. 겉옷, 상·하의 등 분류를 확실하게 한 다음 어디에 뭐가 있는지 확실히 알 수 있어야 낙오되는 것 없이 골고루 입을 수 있다. 그리고 점유의 비용이 든다. 점유의 비용은 집에 거주하기 위해 드는 비용에서 옷이 자리를 잡은 넓이를 나눠보면 된다. 즉 옷이 없다면 그 공간 만큼을 더 쓸 수 있든지 아니면 없어도 되니까 더 좁은 곳에 더 저렴하게 살아도 된다.

그런데 이건 단지 점유에만 드는 비용이고, 그 자리를 다른 용도로 활용했을 때의 효용이나 그냥 비워두었을 때 생기는 편안함이 주는 정신적 수익 같은 것도 기회비용으로 고려해야 한다. 하여간 공간을 차지하는 것, 먼지를 내뿜는 것, 입지도 않는 옷, 존재 자체를 잊어버린 옷이 저 구석 어딘가 숨어 있다는 사실이 주는 심적 부담감 등 걸리는 게 많다.

그저 미니멀하게만 유지하는 것도 좋은 건 아니다. 예컨대 바지는 두 벌을 돌려 입는 게 한 벌을 계속 입고 버린 다음 다른 한 벌을 계속 입는 것보다 수명이 길어진다. 휴식의 시간 덕분이다. 셔츠나 바지 같은 일상복에서는 그래도 천천히 진행되기 때문에 눈치를 채고 나면 이미 늦어버린 경우가 많지만 신발처럼 마찰과 압력이 큰 아이템은 몇 개월만 지나고 봐도 결과가 선명하다. 결국, 적당한 지점을 찾아야 한다. 사람마다 여러 방식이 나올 수 있겠지만, 일주일 단위로 정기적으로 움직이는 사람이라면 보통 관리를 얼마나 자주 할 수 있는지에 따라 결정하는 게 낫다. 관리 주기를 파악하는 게 우선이다. 며칠마다 세탁을 할 수 있는지가 가지고 있는 적당량의 옷 개수의 기준이 된다. 단, 속옷이나 양말같이 매일 갈아입는 옷은 고려 대상이 아니다. 예컨대 여름이라면 바지와 상의가 있다. 강한 페이딩을 남기고 경년변화를 목격하려는 청바지가 있다면, 여름이 제격이긴 한데 권장하지는 않는다. 요즘 한국의 여름 날씨는 13온스 이상의 두껍다는 느낌이 드는 청바지를 입고 다니기엔 불가능한 수준에 도달했다. 그냥 더운 정도가 아니라 신체에 심각한 문제를 일으킬 수 있다. 물론 태국이나 인도네시아 등 한국보다 더 습하고 더운 나라에서도 그렇게들 입고, 큰 열정을 가지고 있다면 할 말은 없지만, 그런 고행은 일상복 운영과 거리가 멀다.

이런 경우 면바지 정도가 적합하고 리넨도 있다. 좀 더 진중한 룩을 좋아한다면 여름용 울 슬랙스 같은 것도 나쁘지 않다. 예컨대 두 번 입고 세탁을 기본으로 하면 일주일에 세 벌 이상의 바지가 필요하다. 한꺼번에 세탁했다가 말리는 건 무슨 사태가 벌어질지 모르니 최소한의 여분 한 벌을 더 확보해놓는다고 생각하면 네 벌이 된다. 세 번 입고 세탁하는 걸 기준으로 잡으면 총량은 당연히 줄어든다.

상의는 아무래도 바지보다 더 많이 필요하다. 여름용으로는 코튼, 리넨, 샴브레이 등 셔츠, 티셔츠, 폴로 셔츠 같은 게 있을 텐데, 버튼 셔츠 세 벌에 티셔츠 두 장의 구성이라면 여분 하나씩을 더해 총 일곱 벌이 필요해진다. 이렇게 해놓고 순환을 시키면 된다. 숫자를 미묘하게 다르게 해놓는 게 좋은데, 예컨대 바지(A, B, C), 버튼다운 셔츠(a, b, c), 티셔츠(0, 1)가 있다면 Aa, Bb, Cc, A0, B1, Ca, Ab 같은 식으로 겹치지 않게 계속 나아갈 수 있다. 양말이 있으므로 생각보다 회전 주기가 길어지기 때문에 거의 매일 조금씩은 다르게 다닐 수 있다. 지겨움을 방지하는 건 매우 중요한 일이다.

물론 인벤토리를 만들어 가지고 있는 모든 옷을 월별과 계절별로 번호를 매기는 건 옷이 어지간히 많지 않은 이상 불필요하고 비효율적이다. 계절이 바뀔 때쯤 가지고 있는 옷 중에 그 계절에 사용할 옷을 몇 벌 정하고, 그걸 순환의 고리를 만들어 계속 입으면 된다. 목표는 옷을 수명이 다할 때까지 소진하는 일이다. 그렇게 몇 번의 계절이 지나고 수명이 끝이 나는 옷들은 폐기하고 다른 옷을 들인다. 그럼에도 지겹거나, 순환을 하다가 세팅이 겹치는 기분이 들거나, 옷 중의 하나가 수선 대기 상태로 들어가거나, 세탁한 게 마르지 않거나, 세탁을 했는데 입으려니 냄새가 나거나, 옷에 뭘 쏟거나 하는 등의 긴급 상황이 발생했을 때 여분인 D, d, 2로 대체하면 된다. 물론 여분이라 해도 무슨 일 생길 때까지 쟁여놓기만 하면 존재를 잊어버릴 수 있으니 세탁 후 새로운 회전을 시작할 때 하나씩 바꿔가는 게 좋다. 봄가을엔 겉

옷을 추가하고, 바지 중에 아주 얇은 건 수납하고 살짝 더 두꺼운 걸 꺼내면 된다. 겨울에도 크게 다르지 않다. 날씨의 변화도 고려해야 한다. 특히 요즘 들어 기상 이변이 많아지고 변화의 폭도 무척 크다. 일단은 아침마다 일기예보를 확인하는 습관이 일상복 운영에도 매우 유익하다. 기온이 급격하게 떨어지거나 올라갈 때, 비나 눈이 내릴 때 등에 대한 적당한 대처가 필요하다. 그래서 옷의 체제를 3레이어 시스템에 기반을 두고 구성하는 게 워드로브(wardrobe) 전체를 바라보기에 편하다.

환절기나 이상 기온에 따른 급격한 기온 하강이 예보될 때는 휴대용 윈드브레이커가 좋다. 휴대용 주머니가 따로 있는 것보다 노스페이스의 스토 포켓(stow pocket)처럼 안 주머니에 옷을 다 넣어버릴 수 있는 쪽이 낫다. 한파가 닥칠 때는 미들 레이어의 품질을 높이는 게 효과적이다. 오래 입는 게 좋고 효율적 관리도 좋지만 겨울 옷의 기능성은 해가 지날수록 중요해진다.

이렇게 보면 별문제 없이 순환할 것 같지만, 사실 실제 상황에 적용해보면 생각지 못한 변수가 많다. 집안에 제대로 된 장소가 없다면 여름과 겨울엔 세탁물이 잘 마르지 않을 수 있다. 그러면 필요한 옷의 최소 개수가 늘어난다. 다림질도 고려해야 한다.

사실 다림질을 해야만 하는 옷은 되도록 일상복 생활에 넣지 않는 게 낫다. 버튼 업 셔츠라 해도 오슬로의 샴브레이 셔츠는 다림질 따위는 하지 말라는 식으로 처음부터 돌돌 말아서 판매한다. 한때 깃맨의 플란넬 셔츠는 꾸깃꾸깃한 게 매력이라고 광고하기도 했다. 특히 버튼다운 플란넬 셔츠는 다림질을 못 하더라도 탈탈 털어서 칼라 단추만 채워도 아주 이상하진 않기 때문에 좋은 아이템이라고 생각한다. 링클 프리는 믿을 만한 제품을 아직 본 적이 없다.

그럼에도 다림질을 해야만 하는 옷이 좋거나 필요할 수도 있다. 이렇게 되면 약간 더 많은 시간이 필요하다. 그 에너지를 쓸 수 있는 간극을 조절해야 하기 때문에 또 필요한 최소의 옷 개수가 늘어난다. 이런 건 밥만 먹으면서 살 수 없고 반찬도 이것저것 먹어야만 하는 것처럼 피할 수 없는 일이다. 피할 수 없다면 주어진 시간을 최대한 활용해서 효율적으로 나아갈 방법을 생각해내야 한다.

옷과 약간 다른 식으로 운영해야 하는 게 신발이다. 앞에서도 살짝 언급한 것처럼 거친 환경에 노출돼 있기 때문이다. 구두를 주로 신는다면 보통 네 켤레가 필요하다. 가죽구두는 한 번 신으면 발에서 은근히 땀이 많이 나서 이틀 정도는 쉬어야 한다. 그렇게 세 켤레를 순환시키고 비가 올 때 신는 용으로 하나가 더 필요하다. 바지랑 개수가 같으면 겹칠 수 있으니 그것도 고려해야 한다.

순환하는 세 가지 중 가장 연식이 찬 걸 그냥 막 신거나 비오는 날 신는 용도로 쓰기도 하지만, 비 오는 날 신발이 물을 빨아들이면 세상에 대한 증오심이 높아지고 삶의 의욕도 사라지는 문제가 꽤 심각하다. 옷이 삶에 도움을 주는 최소한의 용도는 신경을 쓰지 않도록 만드는 것이다. 그런데 의욕을 감퇴시킬 정도면 매우 곤란하다. 따라서 절대 비가 새지 않을 믿을 만한 신발을 마련해두는게 좋다. 여기에 운동화 한 켤레, 겨울용 두 켤레 정도면 순번은 꽉 찬다. 운동화를 주력으로 신는다면 거기에 맞춰서 주기를 만들면 된다.

이런 방식으로 세탁 주기, 생활 리듬, 입는 옷의 종류, 날씨와 환경을 고려한 옷의 개수를 가늠해보고 적당한 순환 주기를 만들면 된다. 주의할 건 이런 걸 머릿속으로 생각만 하다가 갑자기 있는 걸 다 치워버리고 한꺼번에 사들이는 방식이다. 현실에 적용하면 분명 앞뒤가 맞지 않는 구석이 드러나고, 또 한꺼번에 들여놓으면 다음 순서가 오기 전에 한꺼번에 처분해야 할 수도 있다. 주기적으로 목돈이 든다. 단기 지출 비용이 높아지면 순환을 다시 시작하기에 망설이게 되고 그러다 보면 모든 게 흐지부지된다. 진입과 유지에 드는 비용을 낮춰야 한다.

따라서 가지고 있는 옷 중에 적당한 옷을 골라서 일단 순환을 시작하고 모자란 걸 조금씩 채워 나가면 된다. 결론적으로는 옷을 몇 벌 선택해서 그걸 계속 돌려 입는다는 방향성이 중요하다. 그러면서 하나씩 수명의 끝까지 사용해보고 치우면 된다. 이게 기준이 된다.

별로 마음에 들지 않아서 가지고만 있던 옷을 순환에 집어넣는 것도 괜찮은 방법이다. 우연히 주어진 옷, 언젠가 충동적으로 들인 옷을 어떻게 활용해야 하는 문제는 큰 숙제지만, 그런 옷을 꾸준히 입어보는 것도 일상복 생활에 활기를 불어넣어 줄 수 있다.

애초에 손을 대면 안 되는 옷이 어쩌다 집에 있다면 몰라도 이상해 보이는 옷에 선뜻 손이 가지 않고 망설여지는 건 습관과 익숙함의 문제인 경우가 많다. 막상 입고 다녀보면 생각지 못한 매력을 깨달을 수 있다. 그렇게 선택의 폭이 넓어지면 다음엔 더 과감하게 도전해보면 된다. 이런 경험은 패션 라이프의 폭도 동시에 넓힌다. 물론 정 안 되겠다 싶으면 의류 수거함에 넣어버리고 새 타자를 물색해서 투입하면 된다.

2주나 4주 간격 정도로 주기가 긴 옷을 둘 수도 있다. 잊어버리고 옷장에 묻혀 있으면 아무짝에도 소용이 없으니 그런 사태를 방지하기 위해 수납 방식을 다시 설정해야 한다. 전화기에 알람을 설정해놓는 것도 괜찮은 방법이다.

주기를 설정할 수 있는 알람은 구두 손질, 가방 세탁 등 간격이 길어서 잊어버릴 가능성이 큰 종목에 활용하기 좋은 도구다. 이렇게 일상복 선택 부문을 체계화하면 삶의 다른 부분에 좀 더 여유 있게 집중할 수 있고, 그러면 옷 밖의 세상에서 더 즐거운 일을 더 잘할 수 있다.

지금까지 일상복을 운영하는 기본적인 방식을 알아봤다. 이제는 순환의 고리에 어떤 걸 집어넣을지 살펴보자. 섬유, 옷, 세탁 등의 특징을 아는 건 새 옷을 일상복 순환에 집어넣을 때 실패를 피할 수 있는 좋은 방법이다. 옷을 오랫동안 입으면서 새로운 면모를 끌어내기 위해서도 필요하다.

4. 고려해야 할 점

옷은 대부분 자기만의 개성이 있다. 그게 마음에 드느냐 안 드느냐의 문제가 있을 뿐이다. 사실 사람들의 취향은 대부분 어느 상태에서 굳어져 닫혀 있다. 남이 입은 옷에 대해 이러쿵저러쿵 떠드는 것도 닫힌 마음과 상상력의 부족이 만들어낸 결과인 경우가 많다. 특히 옷처럼 보이는 물건은 낯선 모습에 다가가서 익숙해지기까지 상당한 어려움이 있다.

하지만 옷의 즐거움은 다양성에 있고 그냥 무시해버리기엔 즐거운 게 너무나 많다. 일상복으로 사용한다는 건 꽤 오랜 시간을 함께하리라는 의미고, 숨겨져 있거나 모르던 많은 사실을 만나는 계기가 되기도 한다. 즐거움은 따로 시간을 내서 찾아다니는 것도 좋지만, 가만히 앉아 이왕 사용할 물건에서 찾아보는 것도 좋다. 가능하면 이것저것 다양하게 시도해보자.

그런데 일상복으로 입을 옷을 살 때 고려해야 할 점이 몇 가지 있다.

4.1.　사이즈

중요한 건 사이즈다. 언제나 몸에 잘 맞는 옷을 입어야
한다. 앞에서 말한 건강, 체형, 자세 모두 알맞은 사이즈
의 옷과 만났을 때 비로소 의미가 있다. 정 사이즈의 옷
을 만나는 가장 좋은 방법은 훌륭한 맞춤옷 제작자가
전신을 측정해주는 거겠지만, 그러자고 지금 일상복에
대한 이야기를 하는 게 아니다.

몸이 너무 크거나 작아서 기성복 브랜드 옷을 내놓기는
하지만 구하기가 어렵거나 지나치게 발품을 팔아야 한
다면 맞춤복 쪽을 알아보는 것도 괜찮은 방법이다. 언
제나 말하지만 어차피 해야 할 의복 생활이다. 각자의
상황 안에서 최선의 방법을 찾아내야 한다.

일상복으로 활용하기 가장 적합한 옷 사이즈는 불편함
을 주지 않을 정도에서 가장 작은 옷이다. 움직일 때 어
딘가 심하게 끌리거나 모양이 흐트러져 매번 되돌려놔
야 하는 옷은 일상용으로 적합하지 않다. 너무 작아도
안 되지만 너무 커도 안 된다. 입고 다니면서 모양에 신
경을 써야 하는 건 정말 쓸데없는 곳에 에너지를 쓰게
만드는 일이다. 습관으로 만들 가치가 없다.

사실 사이즈 문제는 굉장히 복잡한데, 인터넷 구매가
많아지면서 더욱 복잡해졌다. 한국, 일본, 미국, 유럽 각
국 모두 표기 방식이 다르고 기준점도 다르다. 심지어
브랜드가 같아도 제멋대로인 경우가 많다.

따라서 적당한 옷을 발견하면 가슴 폭, 어깨 폭, 총장, 팔

길이를 기록해놓는 게 좋다. 모두 다 기록해놓으면 좋겠지만 그건 너무 일이 많고 셔츠 정도를 기준으로 기록해놓고 겉옷은 약간 크게, 티셔츠는 약간 작게 정도로 생각하면 된다.

치수를 적어놓는 걸로 만사 해결되는 건 아니다. 예컨대 가슴 폭이 50센티미터짜리 옷이라 해도 생김새, 재질, 팔의 위치와 모습, 허리선 등에 따라 어떤 건 의외로 불편하고, 어떤 건 의외로 편하다. 누구는 어깨가 잘 맞는 옷에 안정감을 느끼고, 누구는 몸통이 잘 맞는 옷에 안정감을 느낀다.

이런 부분은 트렌드와도 관련이 있다. 한때 슬림 핏이 유행할 때는 어깨를 기준으로 한 옷이 많았고, 스트리트 웨어의 부상으로 옷이 커지면서 어깨 선의 위치 정도는 그리 상관하지 않는 분위기가 늘고 있다. 이건 다시 말하면 어깨의 안정감에 집착하다가 유행이 몸통으로 바뀌면 그런 옷을 구하기 어려워진다는 것이다. 특정한 부분에 집착은 좋지 않고 상황에 따른 대응력과 적응력을 키우는 게 훨씬 편해진다.

아무튼 각자 자기 취향대로 일단 기준점을 정해야 한다. 그걸 기준으로 몇 가지 치수와 모습만 가지고 옷을 총괄적으로 이해하는 건 꽤 많은 경험과 상상력이 필요한 영역이다. 단점은 모든 일에는 실패의 가능성이 있다는 점이고, 장점은 이와 관련된 상상력이 늘어나 은근히 써먹을 때가 있다는 점이다.

모든 경우가 쉽게만 돌아가는 건 아니다. 예컨대 군용 점퍼로 유명한 MA-1이 있다. 주기적으로 유행이 돌아오기도 한다. 원래 비행기 조종을 위해 만들어진 옷이고, 따라서 앉아서 입는 옷이다. 무척 푹신하고 편안하지만 허리 밴드가 꽤 조여져 있다. 그래서 지퍼를 잠그고 앉았다 일어났다 하면 옷이 허리를 따라 올라가기도 한다. '입으면서 계속 신경이 쓰이는' 타입이다. 따라서 매번 옷을 끌어내려야 한다. 올라갈까 봐 신경이 쓰이고, 올라간 걸 내리느라 신경이 쓰인다. 그렇다고 멀쩡히 지퍼가 있는데 필요할 때조차 지퍼를 채우지 않는 것도 이상하다. 찬 바람이 불면 그래도 지퍼를 올릴지 말지 또 신경이 쓰인다. 자질구레하게 신경 써야 할 일이 너무 많다.

실용적인 측면에서는 늦가을이나 초봄에 갑자기 부는 찬 바람을 막아주는 데 꽤 적합하다. 나일론 재질의 부드러운 촉감과 실크가 생각나는 빛 반사도 매력이 있다. 햇빛에 약해서 금방 바래는데, 그것도 재미있다. 목, 손목, 허리에 립(rib)이 있는데, 대체할 수 있어서 수선을 하면 꽤 오래 입을 수 있다는 것도 장점이다. 이베이 등에서는 울로 만든 오리지널 밀리터리 점퍼용 립도 구할 수 있다. 그냥 사서 바꾸기만 하면 된다.

이렇게 선택할 이유와 선택하지 않을 이유가 모두 있어서 이런 옷을 일상복으로 채택하려면 자신의 생활 방식에 대한 명확한 이해와 일상복 생활을 어떤 식으로 꾸려갈지에 대한 확고한 기준이 필요하다. 환절기에 추위를 많이 타거나, 셸(shell)은 나일론이고 충전재는 울이라는 찾아보기 힘든 구성의 MA-1이라는 옷이 궁금하거나, 적진의 땅을 향해 날아가야만 하는 미군 조종사의 마음을 조금이라도 느껴보고 싶거나 같은 이유가 있다면 충분히 가치가 있다.

일상용으로 디자인을 조금 바꾼 대체재가 아주 많아서 반드시 고집할 필요는 없지만, 특히 오리지널 군용 MA-1 점퍼는 신기한 점이 많은 재미있는 옷이니 가능하다면 한번 입어들 보시라.

MA-1과 마찬가지로 아주 흔하지만 비슷한 걸 찾기 어려울 정도로 생김새가 독특한 옷으로는 데님 트러커 재킷이 있다. 총장이 지나치게 짧고 가슴 폭이 좁은 이 옷은 오리지널의 생김새로는 동양인 체형에 전혀 맞지 않는다. 앉아서 입기 좋고 그래서 운전할 때 좋은데, 차 안에서 온도 변화에 대응하기엔 후리스나 유니클로 울트라 라이트 다운 패딩 같은 훌륭한 대체재가 잔뜩 있어서 그쪽으로도 별로 소용이 없다. 하지만 후드 위에 오버사이즈 아우터로 입는 흔한 패턴도 있고 추울 때 셔츠 대용으로도 나쁘지 않다. MA-1과 스타일링 방식이 비슷한데 미국인 체형에 맞게 만들어진 옷을 동양인이 입는 방법 중 하나다.

주의해야 할 건 이렇게 사이즈로 어떻게 해보려는 옷을 대하는 방식이다. 예컨대 오버사이즈 룩은 일상복 생활에 윤기를 내는 독특함이 있지만 멀쩡한 옷의 큰 사이즈로 오버사이즈 룩을 만들려는 생각은 하지 않는 게 좋다. 원래 오버사이즈 룩으로 보이도록 만들어진 옷의 정 사이즈를 사야 한다. 가끔 제품 설명에 "오버사이즈로 입고 싶으면 큰 사이즈를 사세요." 같은 말을 하기도 하는데, 제작자의 마인드부터 어딘가 문제가 있다고 생각한다. 피하는 게 맞다.

바지도 마찬가지다. 슬림 핏, 스키니 핏은 작은 옷으로 만드는 게 아니다. 원래 그렇게 만들어진 옷을 사야 한다. 예컨대 원래 레귤러 핏인 리바이스 501을 굳이 스키니나 와이드로 입을 이유가 있을까? 핏, 허리, 엉덩이의 조합을 잘 만들어내는 건 브랜드에서 할 일이다. 소비자가 집착하고 매달릴 이유가 없다.

그렇지만 이런 경우 앞에서 적어놓은 신체 사이즈 표기의 의미가 낮아지고, 제조사가 내놓은 표기의 기준이 좀 더 중요해진다. 이러면 문제가 꽤 복잡해지는데, 앞에서 말했듯 기준과 표기가 엉망이기 때문이다. 그래도 믿을 건 사이즈 표시밖에 없으므로 나라별, 자주 찾는 브랜드별 사이즈 정도는 일단 숙지하는 게 좋다. 같은 브랜드에서 나온 다른 옷을 살펴보면 사이즈에 대해 어떤 생각과 태도를 가지고 있는지 대충 파악할 수 있다. 이 말은 적어도 이런 부분을 파악할 수 있는 브랜드의 옷을 사는 게 좋다는 뜻이기도 하다. 세상에는 옷이 산처럼 많고, 이런 데서 괜한 실험과 도전을 하며 브랜드를 신뢰할 이유가 없다. 색이 마음에 든다고, 촉감이 마음에 든다고 괜히 어슬렁거리지 말고 다른 옷을 찾아 떠나는 게 모두를 위해 이롭다.

4.2. 불필요한 장식은 불필요하다

일상복은 대부분 군복이나 작업복, 운동복에 그 뿌리가 있다. 20세기 들어 공장 제품이 본격적으로 등장하면서 대량생산을 위해 표준화되기 시작했다. 오랫동안 사용해온 옷이고 부분 부분에 다 이유가 있다. 물론 거기 있는 기능성은 이제 불필요한 경우가 많고 당시의 기능성이라는 게 지금 보면 대부분 보잘것없다. 예컨대 1800년대 말에 나온 버버리의 개버딘은 방수와 통기성을 동시에 갖추고, 같은 용도로 사용하던 고무나 러버라이즈보다 착용감과 내구성이 좋았다. 트렌치코트를 입던 군대는 물론이고 작업장이나 아웃도어 등 필요한 곳은 엄청나게 많았다. 남극 탐험이나 대서양 횡단 비행, 에베레스트 등반 등을 할 때 개버딘으로 만든 옷을 입은 이유다. 하지만 지금은 그런 이유로 개버딘을 입는 경우는 없다.

정확한 이유는 모르겠지만 유난히 저렴한 옷에는 아무 이유 없는 불필요한 장식이 많다. 남대문시장이나 동묘 근처에서 파는 옷을 살펴보면 금방 느낄 수 있다. 옷감이나 염색의 부실함 같은 걸 숨기기 위해서 아닐까. 만듦새가 일상복으로 사용하기 충분한 옷도 그런 경우를 간혹 볼 수 있다.

사이즈가 잘 맞는 옷을 골랐다면 그다음으로 피해야 할 건 바로 이런 불필요한 장식이 붙은 옷이다. 물론 앞에서 말한 예전 옷의 기능성 역시 지금은 필요 없는 경우가 많다. 예컨대 스웨트셔츠 목 부분에 있는 V자 모양, 헌터 재킷의 어깨 패치나 숄더백에 붙은 그물 같은 것도 사냥이나 낚시를 할 일이 없다면 아무 의미가 없다.

그렇지만 그런 기능성은 오랜 시간이 흐르며 일종의 상징으로 남았다. 모습 자체가 그런 게 있다는 전제 아래에 만들어졌기 때문에 딱히 부자연스럽지도 않다. 옷 자체가 담고 있는 재미 중 하나고 일상생활을 보내면서 가끔 들여다보며 정신을 환기하는 데도 나쁘지 않다. 여기서 군더더기는 이유도 필요도 기능도 없는 장식을 말한다. 그런데 이런 것 중에 패션으로는 적합한 게 종종 있다. 크리스찬 루부탱의 신발에 붙은 스터드(stud)는 아무 쓸모 없는 장식이지만, 덕분에 다른 신발에서는 볼 수 없는 패셔너블함을 뿜어낸다. 이런 부분을 어떻게 대하는지가 일상복 운영에서 가장 중요한 지점이다.

하지만 관리는 역시 어렵다. 게다가 오랫동안 사용하는데 이런 부가적 장식은 닳음의 왜곡을 만들어내고 보통 신발과 전혀 다른 곳에서 고장이 난다. 그런 게 붙어 있지 않다면 만나지 않았을 괜한 심적 고생을 할 수도 있고 그게 생활의 에너지를 닳게 만든다. 따라서 되도록 뭔가 붙어 있지 않은 제품이 좋다. 너무 단순해서 뭐라도 좀 있어야겠다는 생각이 든다면 적어

도 이유 있는 장식이 붙은 걸 선택하는 게 나중에 쳐다
보면서 유래 같은 걸 생각하며 시간을 보내기에도 적당
하다. 한마디로 특별한 이유가 없다면 일상복으로 이런
건 선택하지 않는 게 낫다.

4.3. 컬러에 관대해질 필요가 있다
일상복으로 사용하는 옷은 보통 단순하고 튼튼한 경우
가 많다. 따라서 컬러에서는 과감해지는 게 좋다. 특히
옷장이 무미건조하게 흘러가는 경우가 많은데, 색만 다
양해져도 훨씬 활기가 넘친다. 아우터 쪽에서 그런 선택
을 하기 어렵다면 양말이나 속옷, 셔츠 등 안쪽 레이어에
서 시작해보자.
　　순환식으로 옷을 입다 보면 컬러를 매칭하는 게 문제가
될 수 있는데 멋대로 컬러를 고르다 보면 위아래 색이
같아지곤 한다. 옷이 만들어내는 즐거움의 일부가 될 수
있지만 아무래도 신경이 쓰인다. 이런 경우를 대비해 상
의와 하의의 방향성을 골라놓는 것도 괜찮은 방법이다.
예컨대 청바지를 자주 입는다면 하의는 파란색에서 시
작해 검은색 방향으로, 상의는 브라운 계통에서 시작해
흰색 방향으로 고르는 식이다. 치노 팬츠를 자주 입는다
면 반대로도 생각해볼 수 있다. 아무튼 컬러에서는 되도
록 넓은 마음을 가지자. 세상에 이상한 색이란 건 없다.

4.4.   라벨을 열심히 들여다봐야 한다

옷을 사기 전에는 모습이 어떤지, 몸에 맞는지, 불필요한 군더더기가 있는지를 살펴보는 것과 함께 라벨을 열심히 들여다봐야 한다. 이 습관은 중요하다. 물론 라벨이 틀린 경우도 있고, 별 이유 없이 무조건 드라이클리닝이나 손세탁을 해야 한다는 것도 있다. 이건 브랜드의 신뢰와 이미지의 문제라 여기서 다룰 이야기는 아니다.

라벨을 열심히 들여다봐야 하는 이유는 그 옷을 어떻게 관리해야 할지 파악할 수 있기 때문이다. 만약 반드시 드라이클리닝을 해야 하는 옷이라면 과연 이 옷을 일상복으로 사용하면서 그만한 수고와 비용을 들일 이유가 있는지 판단을 명확히 해야 한다. 손세탁만 해야 하는 옷 같은 건 말할 필요도 없다. 가능하면 세탁기로 돌리면 되는 옷을 사는 게 낫다. 세탁을 일원화해야 생활이 단순하고 명료해진다.

무엇으로 만들어졌는지를 통해 수선이 가능한지에 관해서도 생각해볼 수 있다. 면 종류라면 자가 수선을 하는 것도 그렇게 어렵지 않다. 고어텍스나 립스톱 나일론 다운 파카 같은 것들도 특수 필름이나 수선용 필름을 쉽게 구할 수 있어서 아주 큰 문제가 되지는 않는다. 오히려 실크나 가죽 등 고급 소재나 부자재가 문제를 일으킬 가능성이 크다.

구두도 혼자 수선할 수 있는 키트 같은 걸 팔기는 하는데, 왁스를 바르거나 광을 내는 것 외에는 전문가에게

맡기는 게 좋다. 수선집에 반드시 맡겨야 할 듯한 옷은 되도록 피하는 게 상황을 복잡하게 만들지 않는다. 이왕이면 라벨과 함께 옷 안쪽의 바느질 같은 것도 잘 살펴보는 게 좋다. 금방 뜯어질 듯한 옷을 굳이 사서 고생을 집에 안고 들어올 필요가 없다. 옷이 방심한 틈을 타서 문제를 일으키지 않아야 하는 건 꽤 중요한 문제다.

라벨이나 광고문을 통해 노동이나 환경 문제 같은 부가적인 정보를 얻을 수 있다. 어디서 어떤 사람들이 만들었는지 추적할 수 있는 제품일수록 가격이 올라가지만, 대신 세상을 여기서 더 망치지 않는 데 보탬이 될 수는 있다. 옷에 얽힌 환경 문제에 대한 이야기는 앞에서 했으니 여기서는 노동문제에 관한 이야기를 덧붙인다.

4.5. 제대로 된 옷을 만드는 데는 돈이 든다

2013년 4월 24일 방글라데시의 다카에 있는 라나 플라자의 8층이 붕괴하는 사건이 있었다. 이 붕괴로 1,129명이 사망하고 2,500명이 넘는 부상자가 발생했다. 사건의 원인은 부실한 건물 관리 등 전형적인 인재였는데 패션 쪽에서 특히 문제가 됐다. 왜냐하면 이 건물에 있던 5,000여 명의 노동자가 베네통, 조 프레시, 망고와 프리마크, 월마트 등 널리 알려진 세계적 패션 기업에서 판매하는 의류를 생산하고 있었기 때문이다.

낮은 임금에 긴 시간 동안 취약한 노동 환경에서 일하는 걸 '스웨트숍(sweatshop)'이라 하는데 의류 산업에서 문제가 되는 경우가 많다. 왜냐하면 옷을 만드는 일이 여전히 매우 노동 집약적이기 때문이다. 사실 스웨트숍의 문제는 역사가 상당한데 1800년대 말, 1900년대 초 영국, 미국, 호주 등에서 벌어진 수많은 노동 분쟁과 대규모 파업이 의류 산업에서 시작됐다. 이런 싸움을 통해 노동법 등이 개정됐고 이제 선진국의 해당 산업 종사자들은 어느 정도 보호를 받고 있다.

하지만 브랜드들이 국제화되고 저렴한 비용과 대량생산의 효과를 위해 공장을 외국으로 보내면서 이 문제가 다시 등장했다. 사실 2013년의 사건 이전에도 나이키나 갭 등 거대 브랜드의 제품들을 어디에서 누가, 어떤 환경에서 얼마나 급여를 받으며 만들고 있는지에 대해 NGO 등에서 이슈화를 시작했다. 그리고 H&M이나 유니클로, 자라 등의 패스트패션 브랜드들이 본격적으로 성장하고 초거대 기업이 되면서 이 문제는 점점 더 커졌다.

그러다가 방글라데시 사건으로 좀 더 많은 사람의 관심 사항이 될 수 있었다. 지금 자신이 별생각 안 하고 입던 옷이 알고 보니 TV 화면에 보이는 대참사 속 무너진 건물에서 만들어졌다는 사실은 이런 데 무관심한 이들에게도 충격적일 수 있는 법이다.

아무튼 방글라데시 사건 이후로 이 사건과 직접적으로 관련된 패션 브랜드, 그리고 저 사건에 얽히진 않았지만 단지 운이 좋았을 뿐인 인도, 베트남, 중국 등에 있는 거의 비슷한 환경의 공장에 외주를 주고 있는 글로벌 브랜드, 또 다른 패스트패션 브랜드들이 관련 NGO들과 회담을 통해 여러 대책안을 내놓기 시작했다.

여기에는 공장의 안전 문제와 관련된 대책이 주로 포함돼 있었다. 예컨대 방글라데시 라나 플라자를 비우라는 공고가 내려졌음에도 노동자들이 다음날 출근을 해야 했던 건 납부 기일 때문이다. 패션 브랜드들은 물건만 받으면 그만이었지 그런 사정에 관심을 가질 이유가 없었다. 따라서 이에 대한 감시의 책임을 외주 생산에 이익을 누리는 브랜드가 함께 지도록 제도화하지 않으면 이 문제는 개선되기 어렵다.

방글라데시 사건 이후 매년 4월이 되면 세계 곳곳에서 여러 행사나 캠페인이 열린다. 그중 하나가 영국의 NGO에서 개최하는 패션 레볼루션 위크[5]다. 패션 위크라는 말이 있지만 패션쇼는 아니고 중심은 스웨트숍 문제에 관심을 촉구하는 캠페인이다. 2018년의 경우 소셜 미디어 등을 통해 각 브랜드 오피셜 계정에 자신의 옷에 붙은 라벨 사진과 함께 "누가 내 옷을 만들었나요(Who made my clothes)?"라고 물어보는 운동을 펼치기도 했다. 한편, 더 중요한 점이 있는데, 사실 스웨트숍 문제는 더 높은 이윤을 확보하려는 악덕 브랜드 만의 문제가 아니다. 공장의 안전과 임금 문제 등이 이슈가 돼 개선이 된다면 그만큼 비용이 더 들게 된다. 즉, 지금 우리가 입고 있는 옷이나 신발의 가격도 오른다는 뜻이다.

다시 말하면 열악한 조건과 정당하지 않은 임금을 브랜드가 지불한 덕분에 그동안 우리가 정상적인 시장 가격보다 더 낮은 비용만 지불해도 됐다는 의미이기도 하다. 즉, 가격이 오르는 건 손해를 보는 게 아니라 원래 그래야 하는 것이다.

그럼에도 특히 이런 외주 생산은 대체로 대중적인 중저가 브랜드가 많이 하고, 그런 만큼 소비자들도 가격 변화에 민감한 사람들이 많다. 결국, 소비자들이 이 사실을 받아들이고 가격이 더 높아질 수 있음을 인정하지 않으면 지금의 문제가 해결되기 어렵다.

이 문제에 주의를 기울여야 하는 이유가 몇 가지 있다. 우선은 기본적인 인권과 그 보호는 소비자에게만 해당하는 게 아니라는 당연한 사실 때문이다. 타인을 보호할 수 있을 때 자기 자신도 보호받을 수 있다. 제도는 원래 그렇게 만들어진다.

4.6. 옷 가격을 진지하게 생각해야 한다

옷 가격은 예전부터 워낙 제멋대로처럼 보인다. 특히 패스트패션 브랜드들이 본격적으로 자리 잡으면서 적당히 잘 만들고, 알맞게 트렌디한 중간 가격대 브랜드들이 설 자리가 애매해졌다. 백화점을 돌아다니며 몇 벌 들춰보는 것만으로는 정상 가격이 어느 정도인지 판단하기 무척 어렵다.

가격이 워낙 중구난방이라 많은 사람이 신뢰하지 않게 되고, 다른 사는 문제도 어려우니 그저 싸면 좋다는 식으로 흘러간다. 가격이 어떻든 일단 속았다는 생각이 든다. 이건 좀 곤란하다. 결국, 패스트패션 매장에서 낮은 가격의 제품을 사 입거나 아예 비싼 걸로 사는 식으로 양극화되다 보니 낮은 쪽에서는 가격을 더 내릴 방법을 찾고, 높은 쪽에서는 가격을 더 올릴 방법을 찾는다. 그러다 보니 유니클로에서는 캐시미어 스웨터를 9만 원에 살 수 있는가 하면, 구찌의 면양말은 이것보다 더 비싸다. H&M에서는 울 코트를 15만 원 정도에 살 수 있는데 오프화이트에서 나온 세 개 들이 언더웨어용 면 티셔츠 세트는 500달러가 넘기도 했다. 모습만으로 가격을 어림짐작하는 건 아예 불가능한 일이 됐다.

게다가 예전에는 소재나 오랜 시간 종사한 장인 등이 중요한 구별점이자 높은 가격의 이유가 됐지만 요즘은 스트리트 웨어가 대세가 되면서 어차피 공장 생산품이라 그런 차이가 큰 의미 없는 제품이 많아졌다. 물론 따져보면 소재도 더 좋은 걸 쓰고, 더 좋은 환경에서 더 많은 임금을 받는 직원들이 만들고, 유명 아티스트의 작품이 비용을 아끼지 않은 선명한 프린트 방식으로 들어가 있겠지만, 그보다는 브랜드 이름값과 이미지 의존도가 더 커진 상황이다.

터무니없어 보이는 가격이 쉽게 화제가 되긴 하지만, 사실 비싼 가격이 그렇게 큰 문제가 될 건 없다. 필수품도 아니고 대체재도 잔뜩 있다. 개인의 만족이나 사교적 효용, 연예인 등의 직업상 효과 등 각자의 상황에 따라 그만한 가치가 있다고 생각해 100만 원짜리 티셔츠를 샀을 테고 그렇다면 된 거다. 그런 패셔너블함이 필요 없다면 안 사면 그만이다. 안 사도 되는 걸 가지고 굳이 화를 낼 필요는 없다. 비싼 티셔츠의 존재가 살 생각도 없는 타인의 안위를 딱히 위협할 일도 없다. 위화감 조성 같은 문제를 이야기할 수도 있겠지만 그런 식으로 치자면 자동차, 집, 휴대폰 등 모든 제품이 여기에 다 해당한다. 선택할 수 있는 다양한 재화가 있다는 건, 그리고 그런 수요를 생각하며 새로운 걸 만들어낸다는 건 현대사회의 큰 장점이다.

오히려 사회적으로 문제가 될 수 있고, 따라서 유심히 들여다봐야 하는 건 가격이 낮은 쪽이다. 청바지를 만들기 위해선 면이 필요하고 가공을 하고, 염색을 하고, 천을 자르고 연결하고, 부자재를 붙이고, 완성된 제품으로 만들어 유통시키고 판매하는 과정이 필요하다. 즉, 기본적으로 소요되는 비용이 있다. 물론 요즘엔 옷 가격에서 원재료 가격이 차지하는 비중이 예전보다 낮아졌고 결국 인건비 등이 가장 큰 몫을 차지한다. 따라서 비슷한 제품과 비교했을 때 이상하게 낮은 가격이 붙어 있다면 이 과정 어딘가에 문제가 있다는 신호이기도 하고, 그건 보통 인건비 특히 가장 높은 비용이 들 위험 요소를 전가하는 데서 나왔을 가능성이 크다.

낮은 가격으로 다양한 제품을 내놓는 패스트패션 회사에 많은 NGO가 큰 관심을 가지고 지켜보는 이유가 이런 데 있다. 그래서 H&M이나 유니클로 등은 매년 생산지 보고서나 현지 생산 공장 리스트를 공개하기도 한다. 요즘엔 현지 공장과 소비자를 직접 연결하는 사이트나 좀 더 전향적인 투명성을 정체성으로 삼는 브랜드도 등장하고 있다. 예컨대 윤리적 제조를 전면에 내세우는 미국의 에버레인 같은 브랜드는 홈페이지에서 각 제품을 눌러 보면 원가와 유통 비용, 임금과 생산 공장과 그곳의 환경 등을 자세히 공개하고 있다. 결국, 누가 어디서 어떤 식으로 만들어지는지 확실히 공개할수록 환경이 개선되고 임금이 정당하게 지급될 가능성이 커진다. 궁금한 사람은 직접 찾아가서 확인할 수도 있기 때문이다. 물론 그런 것들이 가격 인상 요인이 될 수도 있다.

하지만 가격이란 그저 낮다고 무조건 좋은 게 아니다. 제품에는 그게 만들어지기 위한 비용이라는 게 있고 그걸 생각해야 한다. 눈에 보이지 않는 곳에서 말도 안 되는 임금에 열악한 환경 속에서 생명의 위협을 받으며 만든 옷을 입고 싶지 않는 한 그런 기본적인 비용이 지불되고 난 다음에야 최저가에 의미가 있다.

물론 가장 나쁜 건 비싼 가격을 받으면서 어디서 어떻게 만들어지고 있는지 숨기고 있는 경우다. 이런 경우에는 민간의 자력 통제를 넘어서 범정부 차원의 좀 더 강력한 제재가 필요하다.

4.7.　그 밖에

옷에 붙은 케어 라벨을 통해 무엇으로 만들었는지 파악하는 가장 큰 이유는 세탁이 용이한지의 여부를 알기 위해서다. 하지만 세탁 말고도 옷의 오랜 생명을 망칠 수 있는 요소가 있다.

　　우선 단추나 지퍼 같은 부자재다. 대체 불가능한 멋진 단추가 붙어 있는 옷은 물론 훌륭하고 특히 셔츠처럼 단순하게 생긴 옷은 단추가 어떤 색, 어떤 재질이냐에 따라 분위기가 제법 바뀐다. 하지만 유니크한 단추일수록 분실하거나 깨지는 등 문제가 생겼을 때 대처할 수 있는 방법이 난감하다. 전혀 엉뚱한 단추를 붙이고 알 게 뭐냐 하고 다녀도 상관은 없겠지만, 혹시나 그런 게 신경 쓰이기 시작하면 그 자체로도 피곤하고 대체 단추를 구하러 다니는 데도 많은 에너지가 소모된다. 가능하면 그런 세세한 부분은 좀 더 관대해지는 것도 좋다. 페로스의 '421SW'라는 청바지는 세계대전 당시 물자 제한 시절에 만들어진 청바지에서 많은 아이디어를 가져왔다. 예컨대 바지 주머니 천은 광목이나 체크 플란넬 등 다양하게 사용해 '물자가 부족한 상황에서 어디서 구해온 걸 할 수 없이 쓴다.'를 이미지화하고 있다.

　　아무튼 이 바지의 버튼 플라이도 모든 버튼을 다 다른 걸 쓴다. 어떤 건 무각, 어떤 건 도넛, 이런 식이다. 즉, 단추로 이것저것 쓰는 것 정도는 아무렇지도 않은 일이라는 이야기다. 그런 걸 두려워하면 안 된다. 모든 게 다

세세하게 들어맞아야 하고, 그렇지 않으면 견디지 못하는 과몰입은 그 자체로 삶을 힘들게 한다. 기준이나 목표가 없는 게 삶을 어지럽히지만 지나치게 엄격한 기준과 목표도 삶을 어지럽히기는 마찬가지다. 그렇게 앞뒤가 잘 들어맞는 상황의 유지는 일상복 생활의 준수 정도로 충분하다.

단추 문제는 딱히 방법이 없긴 한데 셔츠나 바지는 적어도 여벌 단추가 있는 옷을 사는 게 좋다. 보통 붙어 있지만 없는 옷도 있으니 반드시 확인해야 한다. 여벌 단추까지 사용했는데 또 분실하거나 깨트린다면 그건 이미 옷 관리에 문제가 있는 거니까 자신의 행동 패턴을 돌아보는 게 옳다. 그리고 그 옷과는 연이 닿지 않는 게 분명하니 포기하는 게 맞다.

지퍼도 고장이 잘 나는 부분이다. 가능하면 지퍼 같은 건 붙어 있지 않은 옷을 사는 게 좋은 방법이라고 생각하지만 지퍼는 분명 매우 편리한 부품이다. 리리 등 고급 지퍼가 붙어 있다면 더 좋겠지만 보통 비싼 옷에나 달려 있다. YKK만 돼도 품질은 훌륭하다. 아마존 같은 곳을 찾아보면 YKK 지퍼 수리 및 리플레이스 키트도 판다.

아우터에 붙어 있는 굵은 지퍼라면 가끔 지퍼 전용 왁스 같은 걸 발라주는 것도 관리에 좋다. 잘 찾아보면 국산 제품부터 미군 보급품까지 꽤 여러 제품을 구할 수 있다. 하지만 무엇보다 지퍼를 제대로 사용하는 습관을 들이는 게 좋다. 단추나 벨트 등 동작이 수반되는 다른 부자

재나 이음새도 마찬가지다. 무리한 힘을 가하는 게 좋을
리 없다. 정확하게 작동하고 무리한 힘을 가하지 않는다.

따라서 활동별로 옷을 구분해놓는 게 좋다. 예컨대 산책
같이 운동량이 낮은 활동이라도 정기적으로 한다면 따
로 옷을 정해놓는 게 낫다. 동네 아웃도어 매장 앞에 걸
어놓고 파는 저렴한 옷도 나쁘지 않다. 단, 일상복이 면
중심이라면 운동용으로는 합성섬유 쪽이 사용하기 더
편하다. 이렇게 분리해야 양쪽 모두의 품질 유지와 수명
연장에 더욱 효과적이다.

지퍼가 완전히 고장 나 사용할 수 없게 됐을 때 대체 지
퍼의 확보가 가능한지를 알아두는 것도 좋다. 청바지나
미국 군용 점퍼 같은 옷은 찾아보면 답이 나온다. 오랫
동안 아주 많은 양이 생산된 옷은 그런 점에서 유리하
다. 보급이 있어야 유지가 원활하다.

5. 일상복의 부분

옷을 만드는 데 사용하는 소재는 무척 많다. 일상복에
사용하는 건 면, 울, 나일론, 폴리에스터 정도고 거기에
계절별로 리넨, 샴브레이, 고어텍스 등이 있다. 겨울용
아우터 충전재로 프리마로프트나 덕 다운, 구스 다운 같
은 게 있다. 실크나 레이온, 모달, 큐프라, 텐셀 같은 것도
있고, 충전재로 울이나 캐시미어를 사용하는 옷도 있다.

여기서 이야기할 건 쉽게 만날 수 있고 많이 사용되는

옷감에 관해서다. 화학적 특성을 알면 물론 좋고 어떻게 만들어지는지 이야기하면 재미야 있겠지만 별로 필요한 부분은 아니다. 따라서 어떤 특징이 있고, 입으면 어떻고, 닳게 되면 어떤지 정도만 간단히 짚어보겠다.

5.1. 소재
:　봄여름과 가을의 섬유

면은 일상복에서 만날 수 있는 대표적인 옷감이다. 면으로 만들 수 있는 섬유도 매우 다양해서 거친 청바지, 반질반질한 셔츠나 두터운 캔버스 가방은 물론이고 부들부들한 트레이닝복이나 후디, 그리고 방수 섬유인 벤틸 등이 있다. 하지만 라벨에는 모두 '면 100퍼센트'라고만 적혀 있다.

라벨을 열심히 보라고 했지만 사실 그것만 봐서는 파악할 수 없는 게 많다. 고어텍스나 윈드스토퍼 같은 방풍, 방수 섬유도 마찬가지인데, 필름이라서 옷 어딘가에 붙어 있을 뿐이고 라벨에는 보통 다 그냥 '나일론 100퍼센트'나 '폴리에스터 100퍼센트'라고만 적혀 있다. 고어텍스 로고가 없는 한 그게 어떤 옷인지 알기 어렵다.

아무튼 면은 일상복에서 큰 비중을 차지하는 만큼 매우 중요하다. 한겨울만 빼면 다른 계절은 면으로 만든 옷만 입고 살 수도 있다. 물론 겨울에도 면으로 만든 옷만 입을 수도 있겠지만 권장할 만한 일은 아니다. 추위에 노출되면 두뇌 회전이 느려져 판단력이 흐려지고 세상을 비관적으로 바라보게 되고 심근경색이나 뇌졸중의 위험도 크게 증가한다.

적당한 옷은 삶을 더 효과적으로 만들어주기 때문에 필요하고, 그 정도를 잘 가늠해야 한다. 그저 싼 걸 쓰는 게 절약이 아니다. 과한 기능이나 패션이 생활에 별로 필요 없을 뿐이다.

면의 특징은 관리가 쉽고 세월의 흔적이 잘 드러난다는 점이다. 자꾸 움직이는 부분에 주름이 생기고 자연스럽게 염색이 빠진다. 특별히 관리할 것 없이 세탁만 열심히 해줘도 된다. 찢어지거나 뜯어진 부분은 손바느질로도 간단히 수선할 수 있다. 즉, 오래 입으며 변화를 관찰하기 적합해서 일상복 생활에도 좋고 거기서 즐거움을 찾기에도 적합하다.

단점은 기능성 섬유가 발달한 오늘날, 방풍나 방수, 무게 같은 면에서 조금씩 부족하다는 것이다. 쉽게 땀에 젖고 마르면서 얼룩이 생긴다. 면으로 만든 옷을 입고 등산을 하러 갔다가 젖은 옷과 산바람이 합쳐지면 저체온증 등 신체에 이상이 올 수도 있기 때문에 조심해야한다. 방풍과 방수 기능은 거의 쓸모가 없다고 보는 게 맞다. 하지만 그런 특수한 용도로 사용하지 않는다면, 면만큼 일상생활에 쓰기 좋은 소재도 별로 없다.

: 데님과 샴브레이

일상복에서 사용하는 면섬유 중에 가장 재미있는 게 데

님이다. 데님은 뜯어지고 해진 옷을 일상복으로 입어도 아무도 뭐라 하지 않고, 심지어 그렇게 만들어놓고 판매를 하는 이례적인 옷으로 자리 잡았다. 데미지드(damaged) 진이 대중화된 덕에 다른 옷에서도 오랫동안 입어가며 변화를 관찰하는 즐거움을 만날 수 있는 계기를 만들어냈다. 일상복 생활의 중대한 전환점을 마련해준 훌륭한 섬유다.

그 이유는 데님이라는 천의 불완전성에서 비롯한다. 많이 알려져 있듯 이 옷은 원래 텐트를 만들던 천이었다. 나중에 튼튼하다는 이유로 작업복에 사용됐는데, 튀는 돌을 막아 주고 당겨도 쉽게 찢어지지 않을 만큼 질기지만 마찰에 약하다. 염색도 쉽게 떨어져 나간다. 게다가 세탁한 후에 확 줄어들지만, 또 몇 번 입다 보면 확 늘어난다. 사실 어떻게 봐도 옷에 쓸 만한 섬유가 아니다. 하지만 이런 애매한 특징은 입는 사람에 따라 변화무쌍하게 달라질 수 있고, 그게 데님의 매력이 됐다.

비슷하게 파란색 천으로 샴브레이가 있다. 데님과는 성격이 많이 다르지만, 똑같이 면 100퍼센트고, 보통 파란색을 많이 쓰고, 작업복으로 주로 사용되던 소재라 겹치는 부분이 적지 않다. 요컨대 샴브레이는 얇은 섬유를 가리킨다. 샴브레이는 직조 방식을 가리키는 말이기 때문에 면이 아닌 것도 있다. 데님도 마찬가지다. 이건 면 100퍼센트 데님과 샴브레이에 관한 이야기다.

둘의 가장 큰 차이점은 샴브레이는 평직(平織, plain

weave)이고 데님은 능직(綾織, twill weave)이라는 것이다. 평직은 제작하기 쉬우면서 얇고 실용적인 대신 거칠고 구김이 잘 생긴다. 능직은 평직보다 부드럽고 광택이 좋지만 마찰에 약하다.

자세히 보면 샴브레이는 섬유의 결이 가로세로고, 데님은 대각선이다. 치노 팬츠도 능직인데, 들여다보면 대각선이다. 뒤집어보면 샴브레이는 양면의 색이 같고, 데님은 보통 겉은 파란색이고 안쪽은 흰색이다.

데님의 양면 컬러가 다른 건 옷감을 짤 때 흰색과 파란색 실을 사용하기 때문에 생긴 현상으로 양쪽 다 파란색 실을 사용하면 양면이 모두 파랗게 된다. 즉, 절대적인 건 아니다. 생긴 것만 놓고 보면 데님이 터프하지만 촉감은 샴브레이 쪽이 더 거칠다.

여름에 인기가 많은 리넨도 느낌은 비슷하다. 단, 리넨은 직조 방식이 아니라 아마(亞麻)로 만들었다는 뜻이다. 즉, 면 샴브레이나 면 데님이 있듯 리넨 샴브레이나 리넨 데님이 있을 수 있다.

리넨도 매우 튼튼해서 오래 입을 수 있고, 수분을 잘 흡수해서 시원하고 정전기도 별로 생기지 않는다. 하지만 바짝 말리면 상당히 뻣뻣해질 수 있고, 세탁을 자주 하면 형태가 급격하게 무너진다. 굳이 다림질을 하지 않아도 되는 자연스러운 느낌의 셔츠나 가끔 드라이클리닝을 하는 블레이저 같은 옷에 잘 맞는다. 모양은 근사하지만, 자주 입는 옷이라 손세탁이 필요한 리넨으로

만든 옷은 평범한 일상복 주기 안에서 관리나 유지를
하기가 쉽지 않다.

아무튼 데님과 샴브레이는 겹치는 부분이 많고 매우 튼
튼한 다용도의 섬유지만 한참 입고 다녔을 때 변화의
양상이 좀 다르다. 데님 쪽이 매우 강렬한 자취를 남겨
놓으면서 세월을 먹는다면 샴브레이 쪽은 은은하게 바
뀐다. 변화가 없는 듯하면서 색이 알게 모르게 빠져나가
버리고 눈치를 채면 처음과 꽤 많이 달라져 있다. 둘 다
꽤 재미있는 천이다. 단, 샴브레이는 차가운 느낌이 들
고 데님보다 얇아서 사용할 수 있는 계절이 한정적이다.
가슴에 주머니 두 개가 붙은 샴브레이 워크 셔츠는 제2
차 세계대전 당시 미군들이 입었고, 그걸 응용한 버전이
스테디셀러로 자리 잡았다. 활용도가 매우 높다.

데님과 샴브레이로 만든 옷은 일상복으로 적합하다. 게
다가 옷에서 어떤 변화를 관찰할 수 있는지, 똑같이 면
으로 만든 섬유여도 직조 방식에 따라 어떤 특징이 있
고 어떤 재미가 있는지 잘 보여준다. 그런 점에서 일상
복 운영의 초보자에게도, 그리고 능숙한 경험자에게도
언제나 매력적이다. 이 파란색 천이 너무 싫지 않다면
적어도 한번은 오래 입어보는 게 좋다. 상·하의뿐 아니
라 초어 재킷, 데님 재킷도 있고 오버올스 등 다양한 아
이템이 있다.

: 워바슈와 히코리

데님과 워크 웨어 쪽을 조금만 훑어보면 앞에서 언급한 워바슈나 히코리 같은 천을 만난다. 역사적으로 보면 유래가 있고 무늬에서도 변형이 조금 있지만 지금 보면 워바슈는 파란색 데님에 흰색 줄무늬가 있는 천이고, 히코리는 흰색 데님에 파란색 줄무늬가 있는 천이다. 데님을 경험해봤다면 그보다 약간 더 낯설고 마니악한 단계지만 거쳐보는 것도 흥미로울 수 있다.

워바슈는 19세기 말에서 20세기 초에 철도 건설 노동자들이 많이 사용했다. 양면이 모두 염색된 파란색 데님에 점점이 흰색 줄무늬가 있다. 핀스트라이프(pinstripe) 같은 느낌 때문에 포멀해 보인다는 사람도 있는데, 컬러 조화가 매우 강렬하고 워낙 워크 웨어만 만들기 때문에 막상 보면 그런 느낌은 크게 들지 않는다.

바지도 많지만 워바슈는 워크 셔츠에 적합하다. 처음엔 볼드한 파란색이지만, 입다 보면 전반적으로 희끗희끗하게 빛이 바래고, 그 상태로 긴 시간을 보내게 되지만, 그러다 어느 순간 아주 부드럽고 자연스럽게 페이딩된 워바슈 컬러를 만나게 된다.

워바슈보다는 히코리 의류가 더 많아서 찾기 쉬운데, 작업용 오버올스로 아주 오랫동안 사용돼온 터라 복각 브랜드라면 대부분 하나쯤 있다. 예전엔 '리'에서 제법 많은 제품을 내놨다. 히코리 제품은 대부분 가벼운 데님 소재가 많다. 요즘 유니클로에서도 볼 수 있는 시어서커와 비슷한 느낌인데, 한때 얇은 히코리를 시어서커로 부르기도 했다. 화이트 컬러에 파란색이나 갈색 줄무늬가 있어서 시원한 느낌이 드는 천이다.

UES 같은 브랜드에서는 워바슈나 히코리에 컬러풀한 면 섬유를 숨겨놓은 레일 캡을 내놓는데, 쓰고 다니다 보면 마찰 때문에 뜯어지면서 새로운 면모를 만날 수 있도록 설계했다. 자연스러운 탈색을 선호하는 사람에게는 좀 억지스럽지만, 모자 정도라면 이런 재미도 나쁘지 않다.

:   나일론과 폴리에스터

둘은 과학이 만든 합성섬유고, 현대 의류에 혁명적인 영향을 끼쳤다. 워낙 많이 만들어졌고 수많은 옷에 사용된다. 옷 제작 비용을 엄청나게 낮춰놓기도 했고, 방수·방풍 등 기능적인 면에서도 선구적인 역할을 했다. 물론 만들어낸 문제도 많지만 오늘날 인류는 이 두 섬유의 큰 혜택을 받고 있음이 분명하다. 그러면서도 나일론과 폴리에스터가 뭐가 다른지 잘 모르는 경우가 많다.

나일론은 석유 화합물로 실크 비슷한 걸 만들어보려다가 나온 섬유다. 부드럽고 은은하게 반짝거린다. 너무 부드러워서 흐느적거린다고 할 수도 있는데, 그래서 스타킹이나 란제리 같은 제품을 만들 때 많이 사용한다. 그리고 가볍다. 나일론 혼방이 많은 이유는 섞으면 전체 무게를 줄여주기 때문이기도 하다.

폴리에스터는 페트병의 친척이다. 더 빳빳해서 아우터

의 셸에 많이 사용한다. 이걸 잘게 만들어 양털처럼 만든 게 플리스다. 그래서 라벨에는 '폴리에스터 100퍼센트'라고만 적혀 있다. 나일론보다 훨씬 빨리 말라서 기능성 의류에 적합하다. 하지만 수분을 잘 흡수하지 못해 정전기가 많이 생기기도 한다.

요즘 아우터는 대부분 폴리에스터 셸이 많지만 빈티지풍 아웃도어 웨어 중에는 나일론 혼방 제품이 많다. 시에라 디자인의 마운틴 파카는 면 60퍼센트에 나일론 40퍼센트로 방수 기능을 구현해서 유명하고, 앞에서 잠깐 언급한 MA-1류의 군용 점퍼들은 나일론 100퍼센트로 만들었다.

변화를 목격하는 측면에서 보면 재미있는 건 나일론 쪽이다. 햇빛에 약해서 금방 바래니 색이 미묘하게 변해가는 특유의 재미가 있다. 순식간에 몇십 년 된 옷처럼 보이게 만들 수 있고, 그 상태로 계속 입을 수도 있다. 반면에 폴리에스터는 처음엔 훨씬 좋지만 정말 볼품없게 낡아간다. 일상복에서는 나일론보다 폴리에스터를 만날 일이 아무래도 더 많다.

: 오가닉 코튼에 관한 몇 가지 이슈

오가닉 코튼은 면 제품 중에서도 티셔츠나 속옷, 어린아이의 기저귀 등 자주 사용하는 의류와 몸에 직접 닿는 제품에서 많이 볼 수 있다. 오가닉은 유기농이라는 뜻이면서 농약을 사용하지 않았다는 뜻이다. 그래서 오가닉 코튼으로 만든 제품은 자연스럽게 사용하는 사람의 몸에도 좋다고 생각하기 쉽다. 하지만 이렇게만 생각하는 건 아무래도 오해의 여지가 있다.

사실 면의 재료가 되는 목화 농사는 제초제나 비료, 살충제 같은 화학 약품에 많은 부분을 기대고 있다. 세계 곳곳에서 잘 자라는 식물이기는 하지만, 수요와 소비가 워낙 많고 대량으로 생산하는 곳도 많기 때문이다. 예컨대 미국 농무부 자료에 따르면 면화 재배지 1에이커(약 4,000제곱미터)에 살충제 0.36킬로그램, 제초제 1.2킬로그램, 성장 억제제 등 수확용 농약이 0.8킬로그램, 살균제가 3그램 정도가 사용된다고 한다. 전 세계에서 농사 등에 사용되는 농약 사용량 중 7퍼센트 정도다.

그런데 면은 전 세계 130여 국에서 경작하고 있다. 주요 생산 및 수출국은 미국을 비롯해 터키와 중국, 동남아시아와 아프리카의 여러 나라다. 기후와 종자에 따라 면의 특성 차이가 조금씩 있지만, 기본적으로 1차 산업 생산물이기 때문에 수출할 때는 가격이 큰 변수가 된다.

특히 개발 도상국은 생산 단가를 낮춰 가격 경쟁력을 확보해야 하는 문제가 중요하다. 따라서 여러 국제단체의 감시를 피해 노동 종사자와 환경을 위해 취해야 할 여러 조치를 생략하는 경우가 많다. 바로 여기서 농약에 의한 노동자의 건강 문제와 환경 파괴 문제가 발생한다.

이 문제를 해결해보고자 오가닉 코튼 인증 제도가 시작됐다. 오가닉 코튼은 유전자를 조작하지 않은 종자의 사용, 적어도 3년간 화학비료를 사용하지 않은 토지에서 화학비료를 사용하지 않은 재배로 정의된다. 이 제도는 생산지 노동자의 건강과 생산지 주변의 환경을 관리하는 게 가장 큰 목표다. 즉, 나쁜 짓 하지 말고 제대로 생산하면 더 높은 값어치를 보장하겠다는 약속인 것이다.

하지만 면은 유기농 생산이 아니라 해도 수확 일정 기간 전에 농약을 살포하는 건 금지된 경우가 많고, 대규모 생산지의 경우 국제기관에 의한 잔류 농약 검사도 꾸준히 이뤄진다. 채취를 해서 공장으로 넘어간 다음에 면사를 거쳐 섬유가 되기까지에도 많은 공정이 있다. 이 과정에서 세정과 정련이 반복적으로 진행되기 때문에 재배 과정 중에 뿌린 농약 등 화학 약품은 거의 제거된다고 한다. 즉, 오가닉이라 해서 기존 면섬유보다 사용자의 신체에 특별히 다른 영향을 미친다고 보기는 어렵다는 것이다. 단, 오가닉 코튼은 농사 과정에 농약을 제한하니 수확량이 줄어드는 대신 노동량은 더 많아진다. 그럼에도 노동자의 생산 환경 보호 등 고려할 사항이 많아진다. 즉, 기존 방식보다 품이 많이 들고 그만큼 비용이 늘어난다. 이렇게 좀 더 비싸게 생산된 만큼 제품을 제조하는 브랜드에서는 소비자의 건강에 영향을 미칠 가능성이 큰, 예컨대 염색 등의 공정에서도 문제가 없도록 신경 썼을 가능성이 크다. 그래야 높은 가치를 유지할 수 있기 때문이다.

결론적으로 보면 오가닉 코튼 제품을 사는 건 소비자 자신의 건강보다는 어딘가에서 면화를 재배하는 모르는 사람들이 농약으로 병들거나 그들의 주변 환경이 황폐해지지 않도록 약간 더 높은 비용을 내는 이타적 행위다. 즉, 오가닉 코튼은 세계가 좀 더 나은 노동 조건과 환경을 유지할 수 있도록 하는 일종의 성금, 그리고 몸에 더 좋을지도 모른다는 약간의 가능성 정도로 생각하는 게 더 현실적이다.

5.2.   겨울을 버티는 방법

앞에서 말한 면, 나일론, 폴리에스터는 워낙 다양한 제품이 시중에 있고, 구하기도 어려운 편이 아니어서 선택하는 데 큰 문제가 없다. 중요한 건 일상에서 만날 수 있는 날씨의 변화에 대처하는 방법이다. 날씨는 생활 리듬, 컨디션, 효율성 측면에서 사람들에게 큰 영향을 미친다. 특히 날씨가 급변하고 평온한 상태로 되돌아갈 일이 없어 보이는 요즘엔 더더욱 그렇다. 각자 알아서 날씨에 대비해야 한다.

　　일단 여름에는 방법이랄 게 없다. 바깥에 나가지 않는 게 최선이다. 나가야 해도 옷으로 어떻게 해볼 수 있는 여지가 별로 없다. 옷은 그저 냄새로 타인을 방해하지 않도록 열심히 세탁하며 입고 다니는 정도로 관리하는 게 최선이다. 게다가 옷을 세탁해도 금방 땀이 나고, 그러다 보면 자칫 불쾌한 냄새를 풍길 수 있으니 항상 데오도란트를 쓰는 게 좋다.

요즘에는 햇빛이 너무 뜨거우니 양산을 사용하라는 권유가 늘어났다. 특히 지금껏 양산을 별로 사용해오지 않았던 남성에게도 양산의 이점을 본격적으로 홍보하기 시작했고, 뙤약볕 아래 순찰을 하는 경찰관들이 양산을 쓰는 모습도 종종 볼 수 있다. 이런 이상 기온에서는 무엇보다 실용적으로 접근하는 게 최우선이다.

반대로 봄과 가을은 옷과 패션에서 축복의 계절이다. 적당한 바람막이 정도만 있으면 날씨가 급변해도 큰 문제 없이 지나갈 수 있다. 무엇보다 다양한 옷이 있고 알맞게 얇고 모양도 제대로 갖춰진 모습이 많다. 일단 봄과 가을이 오면 코튼 코트, 데님 재킷, 가죽 재킷 등 가지고 있는 다양한 옷을 최선을 다해 열심히 입는 게 좋다. 단, 많이 잡아도 봄가을이 한 달 정도밖에 없는데, 이 기간도 급격하게 줄어들고 있다. 안타깝지만 지금 추세로 보면 우리의 가까운 후손들은 아마도 영하 20도에서 영상 40도로 치솟는 연 기후 속에서 건조하고, 선선한 바람이 불고, 하늘은 푸르고, 구름이 둥둥 떠 있고, 모든 게 다 멋져 보이는 계절을 도시 전설로만 기억하게 될 가능성이 매우 크다.

그리고 겨울이 있다. 가장 위험한 계절은 겨울이다. 요즘 들어 따뜻해지는 듯하면서도 동시에 불현듯 한파가 불어닥치기 때문에 가지고 있는 모든 일상복을 최대한 활용해서 넘겨야 하는 계절이다. 일상복의 구성은 최종적으로 겨울을 문제없이 보낼 수 있도록 해야 한다.

겨울 아우터는 파타고니아의 이본 취나드가 완성한 셸, 충전재, 레이어로 이뤄진 3레이어 시스템이 기본이다. 아우터 하나가 이런 식으로 구성돼 있는 게 많지만, 가능하다면 각각 따로 가지고 있는 게 낫다. 특히 레이어로 쓸 수 있는 플리스 재킷, 소프트 셸 재킷, 그리고 셸에 해당하는 하드 셸 재킷 등은 봄가을 아우터로도 충분히 활용할 수 있다. 한파가 아닌 평범한 겨울엔 노스페이스 눕시 등 충전재에 해당하는 옷으로도 충분히 아우터로 사용할 수 있다.

문제는 최근 몇 년간 유심히 관찰하고 경험한 결과 단단한 폴리에스터 셸에 구스 다운 재킷, 여기에 플리스 레이어를 입고도 춥다고 느껴지는 날이 점점 늘고 있다는 점이다. 뉴스에 북극 한파라는 말이 등장하면 여지가 없다. 하지만 여기서 더 껴입으면 몸을 움직이는 데 제약이 생기기 마련이다.

그럼에도 3레이어 시스템이 최선의 방식인 건 분명하다. 이렇게 분리해야 하나씩 더 성능이 좋은 버전으로 업그레이드해가며 겨울 한파에 맞설 방법을 완성할 수 있다. 얇은 충전재 재킷이나 살짝 두꺼운 소프트 셸이 있다면, 어지간한 추위에도 코트 생활을 지속할 수 있다는 것도 훌륭한 장점이다. 롱 패딩, 구스 다운 패딩이 따뜻하고 편리하지만 아무래도 이것만 입다 보면 지겨운 게 사실이다. 그래서 울 코트 생활을 병행하는 게 좋다. 예컨대 유니클로 라이트 다운 파카는 아우터보다 내피로서 활용 가치가 높다. 그래서 옷을 살 때 사이즈 측면에서 주로 아우터로 입을지, 주로 코트의 내피로 입을지를 약간 고려하는 게 좋다.

겨울 아우터는 자주 세탁하지 않는 만큼 비슷한 것 두세 벌을 가지고 계속 입게 되는데, 실용이 중요하다지만 그래도 이 긴 계절을 넘기기 위해서는 변화와 다양성이 필요하다. 지긋지긋함 때문에 무리해서 코트를 입고 나갔다가 몸살에 걸릴 위험을 방지하기 위해서라도 코트와 매칭할 수 있는 레이어를 확보해야 한다.

땀은 내보내고 물은 막는 고어텍스가 일상생활에서도 편리하긴 하다. 노스페이스의 트리클라이메이트 시리즈처럼 안감 결합형은 기온에 따라 안감으로 플리스부터 눕시(그런데 눕시를 결합하려면 해외판을 사야 한다.) 등까지 적당히 결합할 수 있다. 하지만 고어텍스는 수명이 한정적이다. 세탁도 복잡하다. 고어텍스도 세탁을 자주 하는 게 성능을 유지하는 데 좋은데, 아웃도어웨어 전용 세제나 적어도 액체 세제로 세탁하고(이게 있으면 다운 파카를 세탁할 때도 쓸 수 있다.) 발수 코팅제도 필요하다. 고온 건조를 해야 하는 발수제도 있다. 한마디로 세탁 과정이 길고 따로 사야 할 것도 많다. 고기능성 섬유는 이렇게 관리하는 데 비용과 시간이 더 든다는 점을 감수해야 하니 세탁에 얼마나 시간을 낼 수 있는지 고려해 신중하게 선택해서 결정해야 한다.

상의 쪽은 겹쳐 입기만 하면 되니 어떻게든 된다 하더라도 바지 쪽에도 역시 문제가 있다. 울리히나 펜들턴에서 나온, 목수들이 입는 두꺼운 멜턴 울(melton wool)로 만든 바지도 괜찮지만 관리하기 쉽지 않다. 특히 겨울 한정으로 바지를 따로 사는 건 일상복의 단순 루틴화 측면에서도 좋은 선택이 아니다. 가능하면 봄가을에 입을 바지에 히트텍 등 내복을 활용하는 게 효과적이다.

내복도 구형 방직기로 제작한 면을 사용한 것부터 알 수 없는 첨단 용어가 적힌 것까지 있는데, 땀을 흡수하지 않는 합성섬유로 만든 제품이 좋다. 그리고 몸에 직접 닿는 옷인 만큼 마음껏 세탁할 수 있고 빨리 마르는 게 단연 최고다. 이너 웨어는 경년변화를 염두에 둘 종목이 아니다. 열심히 입다가 해지면 그냥 버려야 한다.

5.3. 합성섬유가 지구를 구할 수 있을까

지속 가능한 패션은 지구온난화 등 점점 큰 문제를 일으키는 환경 문제 속에서 그 어느 때보다 주목을 받고 있다. '지속 가능한'이라는 말은 단지 환경오염이나 인간의 안락한 삶만을 대상으로 하지 않으므로 노동 착취나 동물 소재의 윤리적 사용 등의 문제로 넓어진다. 하지만 자연 소재라 해서 반드시 환경이나 노동 친화적이 아니기 때문에 복잡한 면이 있다. 예컨대 면 농사는 많은 물과 농약을 사용하기 때문에 환경을 오염시킨다. 울의 경우에도 양의 대량 사육 때문에 환경을 오염시킨다. 환경오염을 추적하기 위해 사용하는 '탄소 발자국'에 따르면

울을 만들 때 발생하는 오염의 반 정도가 양을 사육하는 과정에서 나온다고 한다.

이에 대해서는 여러 대안이 있다. 최근 주목받는 건 식물 펄프를 이용한 모달, 텐셀, 료셀 등 레이온 계통이다. 재료로 많이 사용하는 대나무는 빨리 자라고, 물을 적게 쓰고, 농약도 많이 필요하지 않아서 면화보다 오염이 적다. 하지만 만들 때 오염 물질이 나온다. 대비가 없다면 환경오염뿐 아니라 노동자의 건강도 해칠 수도 있다.

구스 다운이나 덕 다운 같은 보온재도 재료를 얻는 방식의 잔인함이나 동물의 몸을 키우기 위해 강제로 사료를 먹이는 문제가 있다. 그래서 책임 있는 다운 기준(RDS) 같은 단체가 만들어져 살아 있는 거위의 털을 쓰지 않고, 먹이를 강제로 먹이지 않고, 좋은 환경에서 사육되는 거위에서 나온 털이라는 인증 제도를 시행하기도 한다. 요즘 대형 업체들은 대부분 RDS 등 인증을 받은 구스 다운을 사용한다.

그럼에도 동물 소재는 추출할 때 어디서 무슨 일이 벌어지는지 확신하기 어렵다. 그래서 윤리적 패션을 옹호하는 사람들 중에는 차라리 합성섬유를 사용하는 게 낫다는 사람도 있다. 이들은 퍼와 다운, 가죽과 실크, 울의 순서로 반대의 범위를 확대해가는데, 그 대안으로 제시하는 게 오가닉 면과 함께 아크릴이나 폴리에스터 같은 섬유다. 재활용을 할 수 있기 때문이다. 즉, 페트병 등의 석유화학제품 폐기물로 나일론, 폴리에스터나 플리스 등을 만들 수 있다. 재활용 합성섬유 생산은 일반 생산보다 자원 소비나 온실가스 배출이 훨씬 낮고 쓰레기를 없애는 데도 도움이 된다. 국내 기업이 만드는 재활용 나일론은 버려진 어망을 주로 사용한다고 한다. 그런데 이런 합성섬유의 성능이 떨어지는 경우가 있다. 아크릴 퍼는 코요테와 달리 극지방에서 호흡에 쉽게 얼어버리고, 프리마로프트는 같은 부피의 구스 다운보다 보온성이 떨어진다. 자연 소재보다 더 비싼 경우도 있다. 재활용 소재의 경우 원단이 같더라도 보통 더 비싸다.

환경을 위해 합성섬유를 사용하는 일은 재활용 합성섬유를 사용하고, 더 높은 비용을 내고, 안 입게 된 옷을 그냥 버리거나 집에 내버려두지 말고 제대로 된 기관에서 수거하는 등 적극적인 제반 활동이 있어야 성립한다. 사이클을 벗어나면 쓰레기가 되고, 쓰레기를 수거하는 데 사회적 비용이 든다.

아무튼 이렇게 순환의 고리를 만든다는 생각을 염두에 두는 일은 중요하다. 새롭게 뭔가 나오는 게 문제지, 이미 있는 걸 재활용하는 건 지금의 문제를 해결하는 방법이 될 수 있기 때문이다. 울, 퍼, 캐시미어, 다운 등을 재활용한 제품도 나온다. 따라서 울 스웨터의 대안으로 재활용 울이나 플리스로 만든 제품을 선택할 수 있고, 방한 점퍼의 대안으로 재활용 다운이나 프리마로프트 제품을 선택할 수도 있다. 결국, 이런 문제는 옷을 너무 많이 사고 너무 많이 버리는 데서 비롯한다. 즉, 새로 만드는 건 아무리 친환경이라 해도 문제를 악화시킨다. 환경을 개선하는 데 도움이 되고 싶다면 재활용 플리스로 만든 스웨터를 사는 것보다 그냥 입던 걸 오래 입는 게 훨씬 도움이 된다. 재활용 제품은 그다음 선택지다.

5.4. 형태

기성복에서 몸에 잘 들어맞는 옷은 면이나 울 등 관리가 쉽고 대체가 쉬운 종류였다. 따라서 입기 시작하면 된다. 하지만 그것만으로 완전히 끝난 게 아니다. 약간 조절이 필요하다. 여기에 품이 너무 많이 들어가면 그냥 안 사는 게 좋다. 매장에서 길이 조절 정도는 해주기도 하는데 그 정도는 나쁘지 않다.

옷을 입고 다니면 어디에 가장 먼저 문제가 생기고, 어디 때문에 옷을 못 입게 되는지 살펴보면 우연적 사건에 의한 게 아니라면 역시 마찰이 많은 부분이다. 몸통과 다리통은 멀쩡한데 칼라와 손목 끝, 발목 끝이 마찰을 견디지 못하고 뜯어지는 것이다.

칼라는 방법이라고 할 만한 게 없다. 원래 칼라와 손목 부분은 소모품이라서 좋은 드레스 셔츠는 칼라를 교체할 수 있다. 지금도 해주긴 하는데 워낙 저렴하게 구할 수 있는 셔츠가 많아서 하지 않을 뿐이다. 훌륭한 브랜드라면 문의해보면 방법을 알려줄 것이다.

손목과 발목도 있다. 셔츠의 손끝과 바지의 발끝은 몸에 계속 닿고, 또 움직이는 팔과 다리 덕분에 빨리 망가질 가능성이 크다. 당연한 일일 수 있지만, 이쪽은 미리 손을 써놓을 수가 있다는 점에서 다르다.

: 셔츠 길이

일상복 운영에 대해 실험과 적용을 거듭하다 보니, 아예 나오는 제품들을 뭐든 가져다 모아놓으면 대충 어울리는 착탈식 라인 구축의 대표 주자인 유니클로로 통합해버릴까 하는 생각도 해봤다. 그런데 그래서는 인생의 재미가 없어지고, 세상에는 좋은 옷이 너무 많다.

쇼핑몰의 카테고리 분류상 보통 톱(top, 상의)은 좀 오묘하다. 어느 부분이나 마찬가지긴 하겠지만, 입고 나갔을 때 하루의 컨디션에 제법 큰 영향을 미친다. 게다가 일할 때 주로 앉아서 상체만 움직이기 때문에 이게 불편하면 그저 빨리 집에 가고 싶을 뿐이다.

한때는 단추 같은 것 없이 그냥 뒤집어 입을 수 있는 옷이 유일한 해답이라 생각해서 반팔 티셔츠와 긴팔 티셔츠, 스웨트셔츠, 후디 같은 것으로 옷장을 채운 적이 있다. 그랬더니 모든 게 너무 빨리 낡고, 후줄근해지면서 몸과 마음도 함께 축축 처지는 기분이었다. 뭔가 형태를 잡아줄 게 필요하다는 생각이 들면서 버튼다운 셔츠로 방향을 전환했다.

셔츠는 그냥 되는 대로 세탁해서 빨랫줄에 널어둔 거 그냥 입고 나오면 되는 티셔츠류보다 할 일이 좀 많다. 일단 다림질이 큰 관건인데, 귀찮아서 시간을 내기도 어렵다. 셔츠를 반드시 입어야 하는 회사원이라면 차라리 세탁소에 맡겨서 관리를 외주화하는 게 낫다. 그래도 아침에 셔츠의 단추를 하나하나 채우다 보면 하루의 스타트 버튼을 누르는 기분이 든다. 그거면 일단 충분하지 않나 해서 일상복의 주류 아이템이 됐다.

유니클로의 셔츠는 청바지, 치노 팬츠, 피코트, 속옷 등 유니클로의 다른 제품들이 혼방의 늪에 빠지는 동안에도 면 100퍼센트를 유지하는 제품이 꽤 많다. 무늬와 재질이 달라도 그냥 보면 유니클로인지 알 수 있다는 특징이 있긴 한데, 기계 부품처럼 획일화된 점이 나쁘지 않다. 게다가 어지간한 퀄리티를 확보한 제품을 평상시에는 3만 9,900원에서 2만 9,900원(할인 기간에는 보통 1만 원씩 깎는다.), 매대에 놓이면 9,900원, 드물게 5,000원 정도에도 살 수 있다. 요즘에는 매대도 1만 9,900원짜리가 많아진다. 반드시 어떤 셔츠여야 한다는 취향을 고집하지만 않으면 그냥 5,000원 빨간 딱지가 붙은 체크무늬 M 사이즈를 꾸준히 사면 된다. 매대를 보면 '아, 이제부터는 레드 체크 셔츠를 입게 되겠구나.'하는 식이다.

하지만 유니클로 매대가 자동으로 결정해주는 식으로 운영하다 보면, 컬러나 무늬가 한정되는 문제가 생긴다. 즉, 그런 식으로 사 모았더니 셔츠가 (이상하게도) 거의 다 블루 계통이 돼버렸다. 게다가 다들 어딘가 조금씩 부족하다. 가격이 많은 부분을 충당해주고, 오랫동안 입는 데도 큰 문제가 없을 만큼 기본이 잘 갖춰져 있지만 재미가 없어서 우울해지면 그런 건 소용없어진다. 그런데 유니클로 셔츠는 모양이 약간 이상하다. 같은 제품이 외국에서도 팔린다는데, 과연 다른 인종이 입을 수 있을까 하는 생각이 들 만큼 팔, 기장, 칼라, 품이 좀 짧다. 작은 게 아니라 짧다. (사이즈만 보면 다른 브랜드보다 오히려 넉넉한 편이다.) 특히 팔이 짧다. 그런데 이건 결국 장점으로 밝혀졌다. 셔츠 수명에 결정적인 영향을 가하는 부분은 보통 손목 끝이 먼저 닳는다는 점이다. 책상에 끌리고 손목에 끌리다 보면 셔츠 끝부분이 가장 먼저 해지기 시작하고 머지않아 흰 심 같은 게 보이면서 너저분해진다. 세탁을 열심히 하지 않으면 목 부분이 급격히 더러워지는 문제도 있다. 다른 부분은 멀쩡하지만 이런 작은 부분 때문에 전체가 못쓰게 되는 경우가 있다. 행동을 바꿔보려 했지만 딱히 이유를 찾지 못했다. 그래서 이후 셔츠의 팔 길이는 다른 셔츠를 사야 할 때도 참고의 지점이 된다.

문제는 유니클로 셔츠가 해가 갈수록 아주 미묘하게 짧아지는 것 같다는 점이다. 지구온난화로 해수면 높이가 조금씩 상승하듯 정확히 측정해보지 않으면 제대로 알 수는 없지만 분명 조금씩 전체의 실루엣과 핏과 옷의 끝부분이 몸에 닿는 위치 등이 달라진다. 또 재미있는 건 유니클로 셔츠는 같은 시즌에 나온 것끼리 비교해보면 꽤 철저하게 가격을 맞춘다는 점이다.

예컨대 플란넬 셔츠가 버튼다운식이면 다른 셔츠보다 작은 단추가 두 개 더 붙어 있다. 그러면 가격이 같은 다른 플란넬 셔츠보다 조금 얇다. 뭔가 더 붙어 있으면 틀림없이 뭔가 빠져 있다. 천이 더 얇거나 단추가 더 싸구려라거나 방식은 여럿이다. 그럼에도 여벌 단추는 꼭 챙겨준다. 반드시 있어야 할 건 반드시 있는 게 유니클로 베이식 품목의 미덕이다.

　　유니클로는 최근 '라이프웨어'라는 이름으로 편안함과 착용감을 중시하는 방향으로 나아가고 있고 그래서 혼방 비율이 높아진다. 미래를 이야기하는데 동시에 그게 생산비 절감과 직접적으로 연결되는 나름의 묘수지만, 그렇게 나오는 옷이 예전보다 더 조악하고 재미없다. 착용감은 훨씬 좋겠지만, 옷의 즐거움은 편안함에서만 오는 게 아니다. 오히려 알맞은 불편함은 제품을 잘 관리하고 열심히 입게 한다는 더 큰 즐거움을 줄 수 있다.

　　:　청바지 길이

비슷한 문제는 바지에도 있다. 특히 한 계절에 집중적으로 운용하는 청바지는 폭과 길이를 기준으로 좁은 폭과 넓은 폭, 짧은 길이와 긴 길이를 조합해 총 네 가지로 정하는 편이 좋다. 예전에 나는 여름에도 청바지를 입었는데 2018년 여름을 기점으로 일단 포기한 상태다. 더운 공기가 빠져나오지 못해 몸이 뜨거워진다. 이건 정말 큰 문제를 일으킬 수 있다.

청바지 역시 밑단이 신발에 자꾸 닿으면 수명을 좀먹는다. 특히 데님은 마찰에 약해서 뒷부분이 끌리면 건잡을 수 없어진다. 셔츠와 마찬가지로 닿는 부분을 최소화하면 이 문제를 해결할 수 있다. 다행히도 요즘에는 예전보다 좁아지고 짧아진 바지가 표준이라서 엄청난 용기나 모험심이 필요한 부분도 아니다. 셔츠의 짧은 팔 길이는 아무래도 비표준이라(원래는 손목 위를 살짝 덮는 게 표준이다.) 처음에는 어색해 보일 수 있지만 바지는 그렇지 않다.

통이 너무 넓은 것도 좋지 않다. 펄럭거림은 걸을 때 공기와의 마찰을 늘려서 두꺼운 천이라면 아주 조금이라도 더 힘들다. 면 종류는 수분을 잘 흡수해서 느낌도 그다지 상쾌하지 않다. 그런 건 리넨이나 샴브레이 같은 게 낫다. 세탁을 해도 좀 더 늦게 마른다. 이런 식으로 접근하면 정답은 신발에 닿지 않으면서 몸에도 아주 많이 닿지 않는 적당한 슬림 핏이다.

그렇다면 운동화, 구두, 부츠 등 여러 신발을 신기 때문에 그중 어느 신발을 표준으로 삼을지 결정해야 한다. 반스의 3홀 오센틱이나 컨버스의 척 테일러 같은 신발은 높이가 낮기 때문에 기준으로 정하면 아디다스나 나이키의 편안하고 두툼한 신발을 신으면 닿게 된다. 그렇다고 나이키 에어 쪽에 기준을 잡으면 척 테일러 위쪽과의 간격이 약간 이상해진다. 결국, 바지를 접어 입는 걸 염두에 둘 수밖에 없다.

반스 오센틱을 기준으로 신발에서 약 1센티미터 떨어진 정도에서 끊으면 한 번 접었을 때 나이키나 뉴발란스의 운동화를 신어도 닿지 않는다. 이게 너무 짧다 싶으면 신발 끝에 딱 닿는 정도도 괜찮다.

부츠류는 생긴 것만큼 접근 방식도 다르다. 바지를 계속 접어서 부츠 위로 올려버리는 게 낫다. 그게 가장 마찰이 적다. 바지를 부츠로 덮거나 안에 넣는 건 권장하지 않는데, 꼭 그렇게 하고 싶다면 그런 용도의 바지를 따로 두는 게 낫다. 넓은 부분에 계속 마찰이 생기면 나중에 다른 용도로 바꾸기 어려워지기 때문이다.

비슷하게 마찰이 많은 부분이 바지 주머니다. 하지만 이 부분은 다 닳아서 떨어져 나가도 바지의 수명에 결정적인 영향은 미치지 않는다. 굳이 주머니 사용을 피할 필요는 없다. 하지만 날씨가 추워지면 장갑을 사용하는 게 역시 좋다. 세상에는 훌륭하고 멋진 장갑이 아주 많다. 그걸 고르는 즐거움을 버릴 필요는 없다. 게다가 바지 주머니 입구, 바지 주머니 속의 수명도 길어진다. 모두가 좋아지는 걸 일부러 피할 필요는 없다.

마찰에 약해서 구멍이 나기도 한다. 일부러 구멍을 만드는 데미지드 진은 구멍이 더 커지지 않게 처리해놓기도 하지만 자연스럽게 구멍이 나면 그런 게 없다. 게다가 마찰이 많은 부분이 터진다는 건 그 자리에 계속 마찰이 생긴다는 뜻이다. 옷을 입다가 약해진 부분이 발가락에 걸려 구멍이 난다면 틀림없이 그 부분에 발가락이 계속 걸릴 거고 구멍은 점점 더 커진다.

그런 게 청바지 특유의 패셔너블함이기도 하지만 계속 커지는 구멍은 안정된 일상복 생활에 큰 방해 요소다. 더는 뜯어지지 않게 양쪽이나 구멍을 빙 둘러서 바느질을 하는 방법도 있지만 천을 덧대는 게 가장 안정적이다.

이런 식으로 오직 실용을 목적으로 접근하면 옷의 모양이 유니폼처럼 비슷비슷해지는 게 아닐까 하는 생각이 들 수 있다. 그렇지만 우선은 그렇게 만드는 게 목적이다. 하지만 또 너무 유니폼 같아지면 재미가 없으니 컬러의 다양성이나 루트의 다양성(예컨대 사냥, 낚시, 등산, 목공 등 저마다 용도에 맞는 셔츠와 바지가 있다.)을 추구한다. 그리고 만듦새와 노화와 변화 등 일상복 특유의 덕목에서도 즐거움을 만들어낸다. 이렇게 해결해가면 될 일이다.

반드시 잘 만들어진 옷만 재미있는 건 아니다. 유니클로나 스파오도 감탄할 만한 부분이 있다. 물론 어처구니없는 부분도 있다. 비싸고 잘 만들어진 옷도 마찬가지다. 주어진 조건 아래 가격 유지라는 목표를 이루기 위해 뭘 했는지 알게 되는 것도 역시 즐거움이다.

인간도 제한된 조건 아래 목적을 이루려 할 때 상상력과 창조성이 총동원되는 경우가 많다. 자원을 방탕하게 사용해서 독특한 걸 만들어내는 것과 또 다른 방식의 즐거움이 있다. 여기에 바른 자세와 걸음걸이, 건강한 몸, 밝은 표정 등이 일상복의 좋은 동료가 돼줄 것이다.

5.5.   세탁의 딜레마

앞에서 울 아우터 같은 걸 제외한 일상복은 일단 세탁을 열심히 하는 게 가장 좋다고 했다. 지저분한 먼지는 옷의 수명에 영향을 미치고 건강도 해친다. 게다가 남들에게 썩 유쾌하지 않은 영향도 준다. 불쾌한 냄새는 효율성을 방해하고 타인에 대한 방어적 자세를 재생산하기 때문에 사회 전체에도 좋지 않은 영향을 미친다.

　　데님 페이딩은 옷을 세탁하지 않는 걸 미덕으로 여기는 패션 트렌드다. 이 트렌드는 청바지에 관심 없는 사람들의 배타적 태도 때문에 더 높은 단계로 올라가지 못했다. 아무리 개인의 가치가 중요하고 페이딩이 매력적이라 해도 지저분하고 냄새가 날 수밖에 없는 트렌드는 공동체 사회와 함께하기 어렵다. 예컨대 레플리카 데님 매장에서 일하는 직원들은 보통 자기 브랜드의 옷을 입는 경우가 많다. 그렇게 몇 년을 입다 보면 페이딩이 생기기 마련이라 그런 걸 브랜드의 블로그 같은 데 게시하는 경우가 있다. 그 게시물에는 몇 년 입었고 관리는 어떻게 했는지 적혀 있는데, 직원들 대부분은 한두 번 입고 세탁을 한다. 이건 청바지와 아무리 가까워도 사람 만나는 일을 주로 한다면 세탁을 하지 않고 계속 입는 건 어렵다는 증거다.

페이딩은 주류 문화에서 약간 멀어져 마니아들의 취미가 됐다. 대신 자연스럽고 밝게 탈색된 상쾌한 파란색 청바지를 셀비지 제조 회사들도 많이 내놓게 됐다. 즉,

평범하고 일반적인 삶에 세탁은 필수다.

그런데 이 문제는 딜레마에 빠져 있다. 물 부족 문제 때문이다. 옷을 만드는 과정에서 물을 어마어마하게 사용하고, 그게 물 부족을 가속한다는 이야기가 나오는데, 특히 데님이 물을 많이 사용한다고 알려져 있다.[6] 그래서 많은 회사가 큰 자본을 들여가며 물을 아끼는 원단과 제조 방식을 연구한다. 리바이스나 파타고니아 등 대형 의류 회사에서는 기존보다 획기적으로 물을 덜 사용하는 제조 방식으로 만든 신제품을 출시한다.

그래봤자 입을 때마다 세탁기를 돌리면 아무짝에도 소용이 없다. 특히 옷이 만들어져 사용되고 폐기될 때까지 환경에 미치는 영향 중 70~80퍼센트가 세탁과 건조 과정에서 발생한다는 이야기가 있다.[7] 잦은 세탁은 옷을 상하게 하고 수명을 줄여 옷이 만들어내는 또 하나의 환경 문제인 의류 쓰레기를 늘린다. 제조와 세탁 등 모든 과정에서 이산화탄소도 발생한다. 여름에 열대야로 잠을 설치는 이유에는 옷의 책임도 있는 것이다.

이런 입장에서 옷을 거의 세탁하지 않고 계속 입는 데님 페이딩 문화는 환경보호 측면에서 권장할 만하다. 그리고 세탁기 대신 손세탁을 권유한다. 손세탁 쪽이 물을

6   다음 기사에 따르면 리바이스 501 한 벌을 만드는 데 약 3,700리터의 물이 소모된다고 한다. http://www.weactivatethefuture.com/can-a-denim-brand-shrink-water-consumption.

7   리드레스, 『드레스 윤리학』, 김지현 옮김, 황소자리, 2018년, 112, 134~9쪽.

훨씬 적게 쓰고 옷감이 덜 상하기 때문이다. 하지만 이건 심적 부담이 크기 때문에 일상복을 효율적으로 운영하는 데는 않는다.

그렇다면 이 문제는 어떻게 해결할 수 있을까. 사실 앞에서 손세탁을 권유하는 것도 실크, 비스코스, 레이스 등으로 만든 옷인데, 앞에서 언급했듯 그렇게 까다로운 옷은 이미 일상복에서 배제했기 때문에 가지고 있지 않다. 지금 여기서 이야기하는 건 가지고 있는 옷의 규모를 줄이고 남김없이 활용할 방법을 찾아 끝까지 사용해서 수명을 늘리기 위해 고심하는 과정이다. 어차피 환경 문제도 이유가 없이 충동적으로 옷을 사지 말고 가지고 있는 옷을 오래 입는 데서 해결해야 한다. 결국, 어떤 식으로 실행할지의 문제다. 낭비와 탕진만 아니라면 일단 각자의 방식을 밀고 나가는 게 옳다. 모든 걸 다 실천하며 살 수는 없다. 그러다 지쳐서 나가떨어져 어디서 났는지 기억도 안 나고, 입지도 않을 옷을 옷장에 잔뜩 쌓아둔 과거로 돌아가게 된다. 이러면 다 소용이 없다. 할 수 있는 만큼 꾸준히 하는 게 좋다. 물론 이왕이면 환경친화적으로 제조한 옷을 산다면 더 긍정적인 효과를 낼 수 있을 것이다.

5.6. 관리 요령

면 종류는 세탁을 열심히 하는 것 정도면 충분하다. 거기에 저녁에 벗을 때 실이 뜯어지거나 의도하지 않은 마찰이 일어나는 부분이 없는지 살펴보고, 아침에 입을 때 냄새를 맡아보는 습관을 들여보는 것 정도만이라도 익숙해지면 된다.

울은 이야기가 좀 다르다. 울은 동물의 털이고 동물의 몸에서 떨어져 더 이상 영양을 공급받지 못하는 상황이다. 따라서 면 종류와는 다른 접근이 필요하다. 시즌이 끝날 때마다 드라이클리닝을 하는 건 반대한다. 기분은 좋을지 몰라도 울의 수명은 확실히 줄어든다. 일단 입고 나면 솔질을 반드시 해주는 게 좋다. 가장 좋은 건 겉옷을 벗어두고, 샤워를 한 다음에 머리를 말리고 나서 솔질하는 것이다. 벗은 이후에 약간 시간을 두는 게 땀 등 습기를 날려버릴 수 있어서 먼지 털기에 좋다. 목 뒤나 손목 끝 등 오염이 되기 쉬운 부분은 그때그때 닦아주는 게 좋다.

울 스웨터, 캐시미어 스웨터는 확실히 손세탁이 필요하다. 하지만 일상복 용도로 아주 고급의 캐시미어 스웨터 같은 걸 쓰진 않을 테니 뜨거운 물을 쓰지만 않는다면 그냥 세탁 망에 넣고 돌려도 큰 문제가 생기지는 않는다. 유니클로에서도 세탁기에 돌리라고 한다.[8] 그렇다 해도 스웨터 역시 되도록 세탁을 줄여야 하고 사실 굳이 거부감만 없다면 플리스 쪽을 훨씬 추천한다. 관리 면에서 압도적으로 편하다. 심지어 파타고니아에서

스웨터 세탁 방법은 유니클로 등 의류 회사 웹사이트 참고. http://www.uniqlo.com/kr/timeline/detail/201709112930

나온 플리스 풀오버는 이름이 '더 좋은 스웨터(Better Sweater)'다. 이런 식으로 부분마다 꾸준히 관리를 해가면서 울 제품의 드라이클리닝 간격을 늘려놓는 게 옷의 수명을 늘리는 데 도움이 된다.

면으로 만든 옷은 직접 수선해보는 것도 좋다. 특히 면 셔츠, 데님 바지 등은 나쁘지 않다. 해보고 마음에 안 들면 마는 거고, 괜찮다 싶으면 계속 입으면 된다. 사시코 수선이라고 하는데, 수선법은 유튜브에서 'sashiko repair' 등으로 검색하면 볼 수 있다. 그냥 덧대서 꿰매버리는 식으로 평범하게 수선해도 괜찮다. 굳이 전문가처럼 안 보이게, 감쪽같이 같은 건 목표로 삼지 않는 게 좋다. 상처는 결코 완벽하게 가릴 수 없다. 때로는 상황을 인정하는 쪽이 빠르다. 감쪽같이 할 수 있다면 직업을 바꾸는 게 낫다. 아무튼 사시코 수선은 아주 어렵고 현란한 기술이 요구되지는 않지만 대신 상당한 끈기가 필요한 일이다. 따로 쟁여뒀다가 마음이 심란해서 안정이 필요할 때 시도하면 좋다.

카피탈이나 이터널, 비즈빔 같은 브랜드에서는 결과만 보고 싶은 이들을 위해 일부러 뜯은 다음 다시 기워서 판매를 한다. 한창 로(raw) 데님이 유행할 때와 다르게 요즘에는 얼마나 자연스럽게 탈색된 제품을 만들어낼 수 있는지로 경쟁을 한다. 일상복을 효과적으로 운영하는 데 굳이 그런 옷을 살 필요는 없겠지만, 가끔 웹사이트에서 제품 카탈로그를 보면 앞으로 자가 수선을 어떤 식으로 하는 게 좋을지 아이디어를 얻을 수 있다. 아무런 샘플 없이 혼자 멋대로 해도 괜찮겠지만 보통은 상상한 대로 결과가 나오지는 않는다. 상상대로 뭘 만들 수 있다면 패션 디자이너가 되는 게 맞다. 평범한 사람이라면 엉뚱한 곳에 에너지를 낭비하지 말고, 샘플을 확보한 후 모사하는 게 훨씬 나은 방법이다.

옷을 보관할 때는 가능하다면 나무 옷장 하나는 가지고 있는 게 좋다. 곰팡이 방지와 벌레 방지, 규칙적인 환기가 필요하긴 해도 옷 보관과 관리에는 역시 통합 관리가 가능한 옷장이 가장 적합하다. 요즘 보면 방 하나를 옷장처럼 쓰거나 방 한구석에 옷걸이를 걸어 쓰는 경우가 많은데, 먼지가 쌓이고, 또 먼지를 내뿜기 때문에 편하긴 해도 그렇게 좋지는 않다. 계절별로 옷을 순환하면서 자주 입는 건 되도록 옷걸이에 걸어서 놓치는 옷이 없도록 하고, 보관할 때는 옷장을 쓰는 게 가장 좋다. 이런 문제는 사실 주거 환경에 맞추는 게 우선이다.

6. 그래도 충동구매는 즐겁다

일상복 운영은 옷을 삶의 부품으로 대하고, 따라서 문제가 생겨서 하고자 하는 일을 방해하지 않도록 관리해 나아가는 방식을 정립하는 데 초점을 맞춘다. 하지만 자본주의 사회에 살고 있는 현대인에게 구매란 또한 취향을 만들어가는 일이고, 그 자체로 즐겁다. 옷과 관련해서라면 패션과 트렌드를 여가 생활을 이용한 취미의 일부로 가꿔나가는 방법이 있다.

아무튼 의류 분야에서 충동구매는 수요와 공급을 왜곡하고, 환경을 망치고, 쓰레기를 늘리고, 노동문제를 만들어내고, 옷장이 미어터지게 만드는 주범이다. 득을 보는 건 옷장 속에 자리 잡으려는 곰팡이밖에 없다. 그럼에도 비교해보면 몸을 망치는 과식보다는 충동구매 쪽이 조금은 나은 면이 있다. 이런 걸 하나도 하지 않고 살 수 있다면 더 좋겠지만 사실 아주 어렵다.

패스트패션 매장이나 아울렛 등의 매대를 보면 돈을 쓰는 게 이익이 될 거 같은 기분이 들 때가 있다. 하지만 일상복 운영에서 의도하지 않는 옷이 유입되면 결국은 곤란하다. 가지고 있는 자원을 모두 남김없이 활용하는 게 목적인데, 스스로 초래한 변수가 이 길을 망치는 건 아닌지 자괴감에 빠지기도 쉽다. 따라서 충동구매의 욕망이 난데없이 불타오를 때는 대상을 정해놓는 게 좋다. 분출은 어쩔 수 없지만, 적어도 방향을 잡아 분출하자는 말이다. 그런 종류의 제품군은 양말이나 속옷처럼 항상 필요하지만 수명이 짧은 아이템이다.

이런 옷은 거의 매일 사용하고 몸과 밀접하게 닿아 있다. 그래서 위생의 측면에서도 중요하다. 그리고 패션과 일상복이 주는 즐거움과는 또 다른 재미가 있다. 양말은 어떤 무늬든 어떤 컬러든 써보면서 조화와 부조화의 세계를 구사할 수 있다. 속옷 역시 그 세계는 무궁무진하게 넓다. 따라서 평범한 일상복의 운영과는 다르게 좀 방탕하게 사용해야 한다.

일단 둘은 수명이 짧다. 또 수명이 짧아야 한다. 남성용 속옷은 물론이고 여성용 브래지어 같은 경우도 최대 수명은 6개월 정도밖에 되지 않는다고 한다.[9] 양말도 마찬가지로 많은 압력과 마찰을 받는다. 오랫동안 입으면서 세월의 변화를 관찰하는 대상이 아니다. 대신 많으면 많을수록 좋다. 언제나 여유분이 넘쳐흘러야 하고, 또 다양하게 갖고 있는 게 좋다.

예전에는 위생 때문에 주기적으로 옷을 삶는 사람도 많았는데, 요즘 나오는 옷은 대부분 가볍고 편안한 착용감을 우선시하기 때문에 그렇게 두툼하지 않다. 애초에 삶으라고 만든 옷이 아니다. 자칫 모양이 망가지고 수명이 급격하게 줄어든다. 여기에는 미련을 갖지 않는 게 좋다. 그래서 이런 품목은 충동구매의 대상으로 딱 맞다. 쇼핑몰에 갔다가 기분 내키면, 마음에 드는 게 문득 보이면, 할인을 하고 있다면, 기분이 좋거나 안 좋아서 뭐든 사고 싶다면, 경제적 여건이 허락하는 한도 안에서 마음껏 사두는 게 좋다. 언젠가는 쓰게 돼 있고, 그 언젠가는 생각보다 제법 일찍 다가온다.

9   관련 정보는 다음 웹사이트를 비롯해 인터넷 곳곳에서 찾을 수 있다. http://www.vogue.co.kr/2018/08/03/전문가에게-듣는-올바른-브래지어-구입-법-7

하지만 구입이 아니라 운영하는 쪽에서 바라보면 약간 다르다. 방탕하게 사용하면 언제 사용했는지 모르게 된다. 간격이 너무 길어진다. 어떤 건 묻히고, 어떤 건 너무 많이 쓰게 된다. 따라서 6개월 정도 단위로 일주일분 정도의 제품을 사용하다가 다 갈아치워버리는 게 좋다. 예컨대 1월 1일과 7월 1일을 양말과 속옷을 교체하는 날로 정해놓는 방법도 있다. 이런 것도 스케줄러를 이용하면 더 편리하다. 그 밖에 잠옷이나 베갯잇, 침대 시트 같은 제품도 충동구매 목록에 넣기 적합한 품목이다.

7. 어떻게 버릴 것인가

신중하게 선택한 옷을 규칙적으로 입으면서 5년에서 10년, 길면 그 이상 옷을 사용하면 세상 어디에도 없는 개인화된 옷이 된다. 세상 누구보다 그 옷을 속속들이 알게 된다. 그렇지만 언젠간 수명을 다해 떠나보내야 하는 순간이 온다. 오랫동안 함께했으니 무슨 의식이라도 치러주고 싶은 마음이 생길 수 있지만, 이런 분야에 전해 내려오는 예절은 아직 없다.

외국에서는 카페나 작업실을 운영하는 사람들이 그렇게 낡아버린 옷을 전시하기도 하는데, 뭐든 다 전시할 수도 없고 누구나 할 수 있는 일도 아니다. 따라서 혹시 함께한 시절에 많은 일이 있었다면 사진 정도 찍어놓는 건 나쁘지 않을 것 같다.

나중에 수선용으로 천을 남겨놓는 것도 괜찮다. 면 중심으로 일상복을 구성하는 건 이런 면에서도 유리하다. 청바지나 면 아우터 수선용으로 샴브레이나 얇은 데님이 좋은데, 이후 경년변화도 함께 겪을 수 있다. 그리고 구두 손질용으로도 아주 좋다. 옥스퍼드 셔츠는 구두약을 바르는 데 적합하고 플란넬 셔츠는 광택을 내는 데 좋다. 그렇다고 구두 닦고 옷에 패치 붙이는 것도 한두 번이라 잔뜩 보관만 해놓을 수는 없으니 30센티미터 정도의 사각형으로 잘라 적당량만 남겨두면 된다.

　　보통 거리의 의류함이나 아름다운 가게의 기부함 등에 넣는 경우가 많다. 유니클로나 H&M 같은 패스트패션 브랜드들은 세상에 옷이 넘쳐나게 된 데 어느 정도 책임이 있고, 그래서 직접 수거도 하고 어디에 사용했는지 보고서를 통해 밝힌다.

이후 이 옷들은 다른 곳에 가서 새로운 삶을 시작한다. 상태가 괜찮은 편이면 다시 팔리는 경우도 있고, 개발도상국에서는 의류로 다시 사용되거나 집을 지을 때 단열재 등으로도 사용한다고 한다. 폴리에스터 계열은 재활용돼 파타고니아의 새로운 플리스 제품이나 페트병이 될 수도 있고, 그물이 돼 물고기를 잡게 될 수도 있다.

　　나일론이나 면 등의 제품을 재활용하는 방식도 많이 논의되는데, 아직은 채산성이 따라주지 않는 듯하다. 사실 재활용 플리스도 기존 플리스보다 비싸다. 화학 물질이라 사실 다를 게 없는데, 지구의 환경보호를 위해 약간 더 높은 가격을 내게 돼 있다. 그렇다 해도 딱히 억울해 할 일은 아닌 것 같다. 부자재를 떼어내는 데 비용이 더 들거나 오염됐거나 해서 이렇게 활용될 수도 없는 옷은 화력 발전소의 연료가 된다고 한다.

추억이나 왠지 모를 망설임, 귀찮음으로 그냥 가지고 있는 것보다 의류 생태계 순환의 고리에 다시 집어넣는 게 전적으로 더 나은 건 분명하다. 지속 가능한 패션이란 이런 순환의 고리를 만들어내는 운동이다.

133   태세를 전환하는
       일상복

도래한 패션의 시대를 흘려보내야 하는 지금, 일상복이 지금까지 어떻게 흘러왔고, 삶의 부품이자 활용재로서 어떻게 사용하면 더욱 효과적일지 살펴봤다. 패션과 일상복은 거의 완전히 분리돼 있었지만, 세계 경제가 성장하고 안정기에 접어들면서 서로 합쳐지기 시작했다. 하이패션이 패션을 이끌어가는 지금, 그 영향 아래 가장 많은 사람이 입는 옷은 패션이 가미된 일상복이다.

그런데 최근 이런 체제에 변화가 일기 시작했다. 지금 하이패션을 바라보면, 구찌의 최신 히트작은 프린트 티셔츠고, 발렌시아가는 커다랗고 못생긴 스니커즈와 각종 배지가 붙은 크록스 샌들이다. 베트멍은 DHL 로고가 찍힌 노란색 티셔츠를 내놨고, 캘빈 클라인 컬렉션에서는 반사판이 붙은 작업복 위에 울 코트를 입은 모델이 캣워크를 걸었다.

대체 무슨 일이 벌어지고 있는 걸까? 일상복은 어떻게 하이패션의 세계에서 주도권을 잡았을까? 그리고 그게 앞으로 어떤 영향을 미칠까?

1. 좋은 일상복이 온다

일상복에 패셔너블함은 사실 필요가 없다. 하지만 예전보다 빈곤층이 줄고 중산층이 성장하면서 많은 사람이 원하는 옷을 사 입기 시작했다. 패션 산업도 크게 성장해서 사람들에게 본격적으로 영향을 미치기 시작했다.

가장 먼저 유럽 패션이 이 시장을 주도했고, 이들이 내놓는 제품을 가장 많이 사는 미국과 일본의 시장이 이걸 떠받쳤다. 그 사이 일상복이 서서히 패션으로 진입했다. 그중 하나가 육체노동자와 실용의 나라인 미국에서 만들어진 일상복이 일본에 가서 패션이 된 사례다.

크게 보면 몇 가지가 있는데, 우선 1950년대의 아이비다. 미국 동부의 대학생들이 주로 입던, 편하지만 전통적인 스포츠 재킷과 치노 팬츠, 로퍼와 원피스 등을 반재킷의 이시즈 켄스케가 '아이비 패션'이라는 이름으로 가져온 것이다. 당사자들에게는 '멋진'이나 '패션'이 아니었던 일상복은 다른 나라로 넘어가면서 반드시 지켜야 하는 복식 예절이자 트렌디한 패션이 됐다. 당시 일본은 서구적 의미의 패션이 정립돼 있지 않은 상태에서 의식주 생활은 서구화하는 시점이어서 참고 자료가 필요했다. 이 새로운 옷차림은 표준적인 서구식 복장이 되기도 하고, 또한 1964년에 열린 도쿄 올림픽에 서구의 문화와 질서가 대량 유입되는 와중에 새로운 걸 찾는 젊은이들의 유행이 됐다.

1970년대에는 헤비듀티가 등장했다. 베트남전쟁을 기점으로 미국에 영혼의 자유를 꿈꾸는 히피 문화가 등장해 문명의 예속에서 벗어나 자립과 자유 등 인간의 해방을 꿈꾸기 시작했다. 클라이밍, 하이킹, 서핑, 스케이트보딩, 행글라이딩 등 아웃도어 스포츠가 각광받았고 여기에 맞춰진 옷이 만들어진다. 이런 옷은 '헤비듀티'라는 이름으로 일본에 들어왔다. 『멘즈 클럽』이나 『뽀빠이』 같은 잡지를 주축으로 자유로운 행동과 사고를 기반으로 하는 미국의 문화를 유입했고, 시에라 디자인, 필슨, 에디 바우어, 켈티 등 몸을 움직이면서 살던 사람들이 자주 입던 실용적이면서 튼튼한 옷이 패션으로 자리 잡았다.[10]

1990년대의 오사카 중심의 레플리카 문화와 도쿄 중심의 스트리트 패션이 있었다. 미국 전통 일상복의 재조립은 청바지에서 시작됐다. 청바지가 어떻게 만들어지는지 같은 문제에는 사실 이전에는 아무도 관심이 없었을 텐데, 1980년대 초반을 기점으로 사라진 구형 제조 방식의 리바이스 501을 다시 만들어보려는 마니아들이 제작 방식을 복각하기 시작했다. 빅 존의 레어를 시작으로 스튜디오 다티산의 DO-1, 드님의 66 모델 등이 나오면서 빈티지 제작 방식의 청바지라면 제작에서 어느 부분에 집중해야 하는지 같은 리스트가 만들어졌다. 예컨대 데님을 생산하는 셔틀 방직기, 유니언 스페셜이나 싱거의 구형 재봉틀을 사용한 스티치, 철과 구리로 만드는 버튼과 리벳 같은 것이다.

청바지에서 시작된 복각은 킹 루이의 빈티지 볼링 셔츠나 부코의 가죽 재킷, 버즈 릭슨이나 리얼 맥코이의 구형 군복 등 아메리칸 빈티지 의류 전반으로 확대됐다.

10   고바야시 야스히코, 『헤비듀티』, 황라연 옮김, 워크룸 프레스, 2018년, 217-46쪽.

이런 기반에 빈티지 제작 방식과 현대적이고 각자의 유니크한 분위기가 더해져 벨라폰테나 엔지니어드 가먼츠, 바튼웨어 같은 브랜드가 등장하게 된다.

이 과정에서 구형 기계를 다루는 기술자와 숙련공은 마치 명품 산업의 장인 같은 존재로 자리매김했다. 구형 기계는 요즘처럼 성능이 좋지 않고 고장도 잦았다. 다시 움직이려면 오랫동안 기계를 만져온 숙련공이 중요했다. 재봉질을 하고 손으로 리벳을 박고, 천연 인디고로 데님을 염색하는 등 손이 많이 가기도 했다.

그러면서 브랜드는 어떻게 만들어지고 얼마나 공이 들어갔는지 제작의 세세한 부분까지 잡지나 매장을 통해 홍보했다. 그제야 소비자는 뭐가 다른지 알게 되면서 그런 걸 즐기게 됐다. 비슷하게 생긴 물건에 훨씬 높은 금액을 내는 이유를 납득한 것이다.

오사카나 오카야마 등 일본의 서쪽 지역을 중심으로 작업복 중심의 레플리카가 만들어질 때 도쿄에서는 미국 도시 거리의 옷을 패셔너블하게 재구성하고 있었다. 사실 이런 흐름을 시작한 건 1980년대 초반 로스앤젤레스의 스투시였다. 스투시는 서핑 문화를 기반으로 인상적인 로고가 찍힌 티셔츠 같은 걸 내놨고, 그 후 프린트된 문구나 그림을 통해 직접적으로 자신을 드러내는 방식은 스트리트 패션의 기본이 됐다.

당시 파리와 밀라노의 하이패션은 꼼 데 가르송이나 요지 야마모토, 마르탱 마르지엘라와 헬무트 랑 등이 등장한 이후 포멀 웨어에서 벗어나 점점 더 고도화되고 추상화되고 있었다. 그런 데 관심이 없던 젊은이들은 자신과 훨씬 가까운 서핑과 스케이트보드 같은 스포츠와 펑크나 뉴웨이브, 힙합 같은 음악, 그리고 실험영화와 예술 등 분야와 폭넓게 교류하며 만들어지는 옷에 더 관심을 보였다. 뜻과 감각이 통하는 사람들의 커넥션이 등장했고, 스투시에서는 이들을 '트라이브'로 부르곤 했다.

이런 방식은 일본에서 좀 더 정교하게 다듬어진다. 스투시의 트라이브 중 하나였던 후지와라 히로시가 론칭한 굿이너프나 기타무라 노부히코의 히스테릭 글래머 같은 브랜드를 중심으로 비슷한 스트리트 패션이 나왔고, 뒤를 이어 어 베씽 에이프(나중에 '베이프'로 이름을 바꾼다.)와 언더커버, 네이버후드, 헥틱, 바운티 헌터 등이 '우라 하라주쿠'로 부르는 스트리트 패션 신을 형성했다.

이들 역시 스케이트보드, 힙합, 서핑, 펑크, 포르노그래피 등 서브컬처 전반에서 콘셉트와 이미지를 끌어왔고, 당시 패션에 민감하고 새로운 걸 찾던 젊은이들에게 영향을 미치고 이들 자신이 스타가 된다. 단지 분위기나 콘셉트뿐 아니라 브랜드를 이끄는 사람들은 서퍼나 스케이트 보더, 디제잉으로 그런 분야를 선도하고 있던 사람들이었다. 이들은 시부야 케이의 코넬리우스나 힙합 그룹 등 세련된 분위기로 인기를 끌던 사람들에게 자기 브랜드의 옷을 입혔다. 이렇게 전면에 나선 사람들 외에도 후지와라 히로시를 비롯해 베이프나 굿이너프의 티셔츠 프린트를 그리던 Sk8thing, 프로 스케이트보더였던 헥틱의 요피 등 잘 드러나지 않은 배후의 인물들에게도 팬들은 주시하며 그들이 관여한 제품들 출시일을 파악하고 사기 위해 매장에 줄을 섰다.

이 브랜드들은 아주 소량만 생산하고 리테일 숍을 제한했다. 이런 방식은 굿이너프를 크게 확장하고 싶지 않았던 후지와라 히로시가 6개월씩 쉬면서 신제품을 내놓고 제품을 공급하는 리테일 숍을 줄이는 걸 보고 베이프나 언더커버도 비슷한 방식으로 브랜드를 운영하기 시작했다고 한다.

브랜드 인기가 높아지고 신제품 소식이 들리면 팬들이 매장 앞에서 밤을 새우며 줄을 서지만, 물건을 구할 수가 없는 경우가 일쑤고, 어렵게 구한 사람은 힘들게 돈을 내면서도 만족감에 빠진다. 애프터 마켓이 발달하면서 가격이 몇 배가 뛰니 손해 볼 건 하나도 없고 오히려 이익이 되기도 했다.

일상복은 공장에서 대량생산된 옷이고, 따라서 하이패션이 가치를 가지게 되는 이유인 장인 정신, 창조적인 이미지와 희소성을 확보하기 어려워졌다. 하지만 평범했던 거리의 옷은 이렇게 제작과 브랜드 이미지 양쪽의 측면에서 새로운 가치를 얻게 된다. 면 티셔츠나 나일론 점퍼 같은 옷에 왜 비싼 가격을 지불해야 하는지 답이 나온 셈이다.

2. 일상복의 하이패션화

언젠가부터 고급 브랜드에서 내놓은 티셔츠나 후드, 스 웨트셔츠 등 캐주얼 의류가 트렌드를 이끌고 있다. 고급 의류라 해서 더운 여름에도 점잖은 옷만 입으라는 법은 없다. 그래도 티셔츠 등 캐주얼류와 기존에 선보이던 드 레스나 슈트 등 사이에서 보이는 최근의 균형에 대해서 는 분명 여러 시사점이 있다.

　　하이패션 특유의 복잡하고 엄격한 방식을 전복해보려 는 시도는 계속 있었다. 1990년대 말에 나온 프라다의 스니커즈를 비롯해 2002년 아디다스와 제러미 스캇, 2009년의 루이 비통과 카니예 웨스트의 스니커즈 등이 등장했는데, 초반에는 이렇게 스니커즈가 중심이었다. 2012년 제이지와 카니예 웨스트의 음반 『워치 더 스론 (Watch the Throne)』이 나왔는데, 이게 패션 관점에 서 보면 꽤 중요한 전환점이 된다. 오랫동안 카니예 웨 스트의 크리에이티브 컨설턴트로 일해왔고, 음반 관련 굿즈를 디자인하기도 했던 버질 아블로는 이 음반의 아 트디렉터로 참여했고, 리카르도 티시에게 앨범 커버 등 아트워크를 맡겼다.

　　이후 지방시는 2012년 봄여름 시즌에 트로피칼 플라 워 프린트 같은 스트리트 웨어를 선보였고, 버질 아블 로는 파이렉스 비전을 론칭한다. 니콜라스 게스키에르 가 맡던 2012년의 발렌시아가 등의 패션쇼에서 강렬한 프린트 티셔츠와 스웨트셔츠 같은 옷을 선보인다. 캣워크 위에 스트리트 패션의 방식이 본격적으로 자리 잡기 시작한 것이다.

이런 변화는 소비자의 세대교체도 빠른 속도로 만들어냈다. 한정판 레어템을 쫓고 힙합 스타들의 인스타그램과 그들의 뮤직비디오에 스쳐지나가는 티셔츠와 운동화를 사서 입는 일에 훨씬 더 익숙한 사람들이 하이패션의 새로운 구매자로 진입하게 된다. 이들은 유행에 빠르게 반응하지만, 그러면서도 히트작에 대한 집중도가 매우 높고 마치 인터넷 밈(Meme)처럼 옷을 소비한다. 그들의 입장에서는 현대의 하이패션 쪽에 눈을 돌릴 일이 별로 없었는데, 자기들이 입고 사던 옷의 최고급 버전이 등장해 하이패션 매장의 쇼윈도에 등장하고 인스타그램을 넘나들기 시작한 것이다.

이후 겐조, 베트멍, 구찌 등 힙합이나 스트리트 패션과의 연결점에서 트렌드를 이끄는 디자이너 하우스들이 본격적으로 이 흐름을 가속화했다. 이제 이런 캐주얼 아이템은 트렌드의 중심 중 하나라 해도 과언이 아니어서 베르사체와 프라다 등 스트리트 패션의 질서와 방식과는 멀리 떨어진 크리에이티브 디렉터들이 이끄는 브랜드들도 자극적이면서 눈에 확 들어오는 프린트가 박힌 제품들을 내놓기 시작했다.

이런 변화는 기존의 하이패션 구매자들이 1960년대풍 유행이 지나 1980년대풍 유행이 오거나 긴 치마가 유행하다가 짧아지거나 하면서 새 제품을 구매하는 것과는 차원이 다르다. 예전의 사람들은 이해하기 어려운 새로운 방식의 패셔너블이 등장했고, 새로운 사람들이 구매를 한다. 이쯤 되면 카니예 웨스트라는 사람을 한번 들여다볼 만하다.

2.1.   옷 만드는 카니예 웨스트

카니예 웨스트는 2018년 중순 새 앨범 『예(Ye)』를 내놓으면서 와이오밍 머천다이즈를 선보였다. 티셔츠와 후드 등으로 이뤄진 와이오밍 머천다이즈는 앨범, 콘서트와 함께 내놓는 기념품으로 CD와 세트로 구성된 일종의 아티스트 굿즈다. 새 음반은 빌보드 차트에서 1위를 했고, 음반 감상회와 함께 발매된 머천다이즈도 공개한 지 30분 만에 50만 달러가 넘는 수익을 올렸다고 한다.

논란도 있었다. 먼저 트럼프 대통령 지지 발언이다. 카니예는 트럼프가 자신과 같은 '용의 에너지'를 가졌다면서 그를 사랑한다고 말했다. 전 대통령인 오바마가 한 일이 없다고 비판하기도 했다. 트럼프는 다양성 문화를 중시하는 사람들에게 전혀 인기가 없고, 이 발언 이후 켄드릭 라마, 리한나 등 1,000만 명이 그를 언팔로했다고 한다. 하지만 팔로어 숫자는 금방 회복됐다.

오바마의 정책이야 카니예 웨스트도 시카고 출신이니 여러 의견이 있을 수 있다. 트럼프 지지 발언도 처음 나온 게 아니다. 시간이 날 때마다 입을 열었는데, 예전에는 비욘세나 존 레전드가 비난을 퍼붓자 트윗을 삭제하는 식으로 대응했다. 그러니 아무도 모르게 감춰놨다가 갑자기 드러내는 새삼스러운 행동은 아니다.

또 하나는 노예제 선택 발언이다. 웹진 TMZ와의 대담 방송 중에 "노예제가 400년간 지속됐다고 들었는데, 그 정도면 흑인들이 노예제를 자발적으로 선택한 게 아니냐?"라는 식의 발언을 했다. 이건 좀 더 큰 반발을 일으켰다. 미국 최대의 흑인 인권 단체인 전미 흑인 지위 향상 협회(NAACP)에서는 카니예의 발언을 비판했고, 나이지리아의 상원 의원은 여전히 보존된 노예 항구에 와서 역사 공부 좀 하라고 초대하기도 했다. 이런 논란은 카니예 웨스트에 대한 반응을 여러 방향으로 갈라놓는다. 그의 이름이 붙은 물건이 여전히 잘 팔리는 것 같지만, 논란이 한창일 때 시드니에서 있었던 호주의 스포츠 웨어 브랜드 2XU 론칭 현장에는 사람이 나타나지 않아 개장 45분 만에 문을 닫았다. 트럼프 지지 발언 같은 게 나올 때마다 가지고 있던 이지 부스트를 태워버리겠다는 사람도 꾸준히 등장했다.

음악이야 그렇다고 쳐도 카니예 웨스트의 패션 분야에 관해서는 많은 이견이 있다. 하이패션 시장의 판도를 바꿨다는 사람도 있고, 콘서트 굿즈를 마케팅으로 비싸게 판다는 사람도 있다. 그가 뭘 하는 건지 이해하려면 스니커즈, 머천다이즈, 시즌 컬렉션, 이렇게 세 부분으로 나눠서 생각해봐야 한다.

스트리트 패션 문화에서 스니커즈가 차지한 자리는 특별하다. 누군가 에어 조던 레어 버전을 신고 있다면 그건 그 자체로 멋지다. 그래서 컬렉터와 리셀러가 있다. 이들은 시장을 키우고 새로운 패셔너블함을 만들어낸다.

보통 스포츠 스타와 연계된 모델이 주를 이뤘는데, 나이키는 힙합 뮤지션인 카니예 웨스트와 협업을 통해 2009년 '에어 이지'라는 스니커즈를 선보였다. 이 운동화는 프리미엄 스니커즈의 생태계에 진입하는 데 성공했다. 기존 전설의 스니커즈와 마찬가지로 리미티드, 리셀링, 가격 폭등의 코어로 들어간 것이다.

이 관계는 2012년 '에어 이지 2'를 내놓으면서 끝나버린다. 로열티 문제라는 설도, 다른 문제라는 소문도 있다. 사실 프리미엄 스니커즈의 인기와 리셀링 마켓은 에어 조던을 중심으로 나이키가 점령하고 있었기 때문에 그쪽에서도 크게 아쉬울 게 없었을 수도 있다.

카니예 웨스트는 아디다스와 손을 잡는다. 첫 제품은 2015년 내놓은 '아디다스 이지 750 부스트' 라이트 브라운 컬러였는데, 딱 9,000켤레만 나왔고, 예약한 사람만 뉴욕에서 아디다스 스마트폰 앱으로만 살 수 있었다. 이 협업을 시작으로 나이키 중심 리셀링 마켓에서 아디다스의 존재감이 완전히 달라졌다. 나이키의 인기가 아무리 많아도 전설과 추억만으로는 한계가 있었다. 아디다스의 매출과 주가는 폭등했다. 나이키의 지지부진은 2017년 버질 아블로와 출시한 '더 텐' 시리즈로 비로소 새로운 단계로 나아갈 때까지 계속된다.

패션 사업의 관점으로 보면 이 순환의 고리에 운동화 말고 다른 것도 넣어보고 싶을 것이다. 예컨대 카니예 웨스트의 머천다이즈가 있다. 앨범, 콘서트, 투어, 다른 아티스트와의 협업 등이 있을 때 선보이는 머천다이즈 는 상당한 인기를 끌었다. 스니커즈와 마찬가지로 한정 된 수량이 정해진 기간에 나오고 리셀링 마켓이 형성 되고 희귀성과 유니크함 자체가 패션이 된다.

물론 이걸 사서 되파는 게 패션 때문인지는 생각해봐야 한다. 그의 음반과 콘서트 티켓을 사는 수많은 팬이 초 과수요를 만들기 때문이다. 그래서 콘서트 티셔츠를 업 그레이드해 좀 더 비싸지만 대신 더욱 가치 있는 수준 으로 끌어올렸다고 볼 수도 있다.

그런 점에서 좀 더 본격적인 시즌 컬렉션을 비교해볼 수 있다. 2011년 처음으로 파리 컬렉션에 진출했지만 여기서 선보인 옷은 사람들의 기대와 다르게 평범했다. 이건 두 시즌 만에 끝났고, 이후 아디다스와 이지 부스 트를 출시하면서 '이지 시즌'이라는 이름으로 다시 풀 컬렉션을 시작한다.

이지 시즌 1은 이지 부스트가 생각나는 컬러에 밀리터 리, 스포츠 웨어 등이 섞여 있는 독특한 컬렉션이었지 만 신발만큼 잘 팔리진 않았다. 시즌을 거듭하면서 완 성도도 조금 올라갔고, 특유의 도발적인 홍보 덕에 인 기가 늘었어도 여전히 스니커즈 정도는 아니다.

스트리트 웨어로 하이패션 컬렉션을 만들어내고 시장에 임팩트를 주는 건 뎀나 바잘리아, 알레산드로 미켈레, 버질 아블로 쪽이 훨씬 잘한다. 카니예 웨스트가 패션으로는 이제 안 되는 건가 하는 생각이 들지만 그에겐 대신 돈다가 있다.

2012년 트위터를 통해 발표한 돈다는 디자인, 크리에이티브 콘텐츠 회사다. 22개 이상의 영역으로 구성했고 마치 두뇌처럼 다양한 분야의 창조적인 사람들이 모여 새로운 제품을 만들어내고, 사람들이 더 훌륭한 체험을 하도록 만드는 게 목표다. 분야는 제품뿐 아니라 학교나 도시의 시스템 등 삶의 전 범위를 아우르고 버질 아블로를 비롯해 리카르도 티시, 바네사 비크로프트, 무라카미 다카시 등이 참여한다고 알려졌다.

아직 굉장한 게 나오지는 않았지만 돈다의 이름으로 칸 영화제에 단편영화를 내기도 하고, 무대 디자인, 뮤직비디오 제작, 광고 캠페인 등 여러 일을 한다. 곧 화장품 라인을 출시하겠다고 밝히기도 했다. 구상만 보면 적어도 패션보다 목표가 훨씬 큰 게 분명하다.

카니예 웨스트는 예전 시각으로 보면 패션 디자이너라고 할 수 없다. 패션 디자이너의 역할을 바꾸고 있다는 게 맞다. 디자인을 통해 이루려는 목표가 지나치게 원대하고 이상한 소리도 많이 해서 여러모로 의심이 가는 게 사실이지만, 그가 하이패션 시장의 모습을 지금처럼 바꾸는 데 기여한 인물로 남으리라는 점은 분명하다.

2.2. 비싼 일상복은 큰 이익이 된다

스트리트 패션을 비롯한 다양한 서브컬처가 하이패션에 자리 잡기 시작하자 패션 쪽에서도 본격적으로 이 적극적인 구매자들의 수요에 대처하기 시작했다. 새로운 브랜드들이 등장해 각광받으며 이 흐름을 주도했고, 기존 브랜드를 이끄는 크리에이티브 디렉터도 교체됐다. 이 사이의 계속된 상호작용을 거치며 하이패션의 생산자와 소비자라는 주된 멤버들의 세대교체가 가속화됐고, 이렇게 하이패션이 만드는 트렌드가 이전과 다른 성향을 띠게 됐다.

새로운 고객은 스타일의 구축이나 옷의 완성도 등 하이패션 분야의 기본적인 양식으로 여겨지던 가치를 예전처럼 중시하지 않는다. 발렌시아가는 최근 히트작인 '트리플 S'의 생산국을 이탈리아에서 중국으로 바꿨지만 가격은 그대로다. 몇 군데에서 기사화하긴 했지만, 이 신발을 사는 사람들에게는 이미 인도네시아, 타이, 베트남산 고가 레어 스니커즈 문화에 익숙하고 크게 상관할 문제도 아니다.

상황이 이렇게 돌아가면서 고급 브랜드들도 티셔츠, 후디, 윈드브레이커, 청바지 등 스트리트 패션 브랜드들과 똑같은 물건을 내놓게 됐다. 그렇다면 비싼 가격, 더 훌륭하고 멋진 브랜드의 옷이라는 걸 납득시킬 수 있는 기존과는 다른 비교 우위가 필요하다.

이에 따라 하이패션 브랜드들은 존재 가치를 증명할

수 있는 장치를 대폭 늘렸다. 여기에는 홍보 채널이 다양해지고 더 빠르고 광범위해졌다는 게 큰 역할을 했다. 룩북이나 광고 캠페인보다 유튜브와 인스타그램을 잘 다루는 게 당연히 더 중요했다.

물론 샤넬이나 디올의 오트 쿠튀르처럼 옷 제작의 완성도가 여전히 가장 중요한 분야에서는 하나하나 손을 써 가며 만드는 모습을 담은 영상을 유튜브에 꾸준히 올린다. 이렇게 하이패션 브랜드들이 예전에 주로 올리던 영상과 다르게 이제 많은 브랜드는 유명 감독을 섭외해서 딱히 옷을 강조하지 않은 영화를 시리즈로 올리고, 발레단이나 오페라와의 협업을 하고, 전시에 참여하고, 팝가수의 투어 의상을 제작한다. 가능한 방식을 총동원해 정교하고 집요하게 이미지를 구축한다.

스트리트 패션은 본래 공산품이었고, 티셔츠든 청바지든 결국 다 비슷한 물건이다. 따라서 이 공산품에 어떤 레이어를 얹는지, 어떤 이미지로 다시 구축하는지에 따라 차이가 만들어진다. 이에 따라 디자이너의 지역이나 특정한 문화 현상, 정치적 성향 등을 기반으로 옷을 만드는 경향이 두드러지게 됐다.

예전에도 당연히 그런 경향이 있었다. 하지만 지금의 다양함은 꼼 데 가르송이나 마르탱 마르지엘라 등장했을 때처럼 이전과 자못 다른 형태의 옷을 내놓는 게 아니다. 그리고 상류층의 파티나 시상식, 회사의 중역 회의실이나 고급 휴양지 등 소비되는 장소와 방식도 다르다.

지방시와 구찌의 로고가 붙어 있다 해도 이건 여전히 거리의 옷이고, 그곳의 젊은이들과 스트리트 패션 컬렉터들이 주로 산다.

이런 움직임에 따라 디자이너들은 자신의 문화적 기반을 더욱 적극적으로 드러낸다. 캘빈 클라인의 라프 시몬스는 가구 디자이너로 시작해 메종 마르지엘라의 패션쇼를 본 후 패션계에 들어왔다. 구찌의 알레산드로 미켈레는 구찌의 액세서리 디자이너로 계속 일해왔고, 2013년부터 모기업인 케링이 소유한 도자기 브랜드 리처드 지노리의 크리에이티브 디렉터를 맡고 있다. 지금도 구찌와 겸임이다.

겐조는 스트리트 패션 기반의 오프닝 세리머니를 데려와 브랜드를 개편했고, 프라다는 예술 분야나 영화 쪽 프로젝트를 꾸준히 진행한다. 건축가들과의 교류가 많은 편인데, 이번 시즌에도 헤어조크 앤 드 뫼롱이나 렘 쿨하스 등과 협업한 제품을 컬렉션에서 선보였다.

최근 몇 년간 가장 두각을 보인 이들은 베트멍을 중심으로 한 포스트 소비에트 출신이다. 어린 시절을 소련에서 보내고 공산주의 몰락 후 급작스럽게 유입된 미국 문화에 의한 혼란의 시기를 겪은 이들이다. 이들이 들고 온 건 러시아와 동유럽에서 재해석되고 과장과 왜곡을 거친 미국 스트리트 문화와 10대 문화였다. 베트멍의 뎀나 바잘리아, 고샤 루브친스키, ZDDZ의 다샤 셸야노바와 티그란 아베스티얀 등의 패션 디자이너,

스타일리스트이자 베트멍의 컨설턴트인 로타 볼코바, 패션과 라이프스타일를 다루는 브루오 24/7을 운영하는 미로슬라바 듀마 등이다. 이들이 단체로 뭘 하는 건 아니지만 어글리 프리티, 고프코어 같은 트렌드를 이끌어냈다. 뎀나 바잘리아가 발렌시아가를 이끌면서 이 세력은 일단 정점을 맞이했다.

오프화이트의 버질 아블로는 건축, 힙합과 디제잉 등 스트리트 문화와 함께 수많은 레퍼런스의 인용, 동시간적인 소셜 미디어의 활용과 퍼포먼스 등으로 기존 패션계의 예술가와의 협업과 다르게 좀 더 본격적으로 현대 미술가 같은 느낌을 내뿜는다. 특히 패션 디자이너로 치면 이례적일 만큼 자신의 디자인에 관한 강연을 많이 하는데, 이런 게 모두 오프화이트의 제품에 무형의 지적 이미지를 만들어준다.

그 밖에 민속 의상과 LGBTQ+, 반인종주의를 기반으로 한 프라발 그룽, 페미니즘을 전면에 들고나온 디올, 게토고딕과 힙합, LGBTQ+ 문화를 중심으로 한 HbA의 쉐인 올리버도 있다. 이렇게 다양한 자신의 기반을 중심으로 패션 브랜드를 이끌고 모두 면 티셔츠를 판다. 거기에 뭘 찍었는지만 다를 뿐이다. 이런 게 바로 스트리트 패션의 길, 문구와 프린트로 세상에 메시지를 전하는 프린트 티셔츠의 길이다.

이런 상황 변화가 만드는 중요한 점 중의 하나는 바로 하이패션 브랜드가 옷을 팔아먹을 수 있는 방법이 등장했다는 것이다. 하이패션 브랜드는 향수 팔아서 가방 만들고, 가방 팔아서 옷 만든다는 농담이 있을 정도로 옷은 패션의 중심이긴 한데, 만드는 데 품도 많이 들고 남는 것도 별로 없고 잘 팔리지도 않는 제품군이었다.

하지만 50~100만 원 사이의 면 티셔츠처럼 '상대적으로' 저렴하고 인기도 좋은 제품이 날개 돋친 듯 팔리면서 스트리트 패션을 중심으로 개편한 하이패션 브랜드의 수익률이 빠른 속도로 높아졌다. 거기에 히트 아이템에 대한 집중도도 매우 높다. 똑같은 걸 입는 걸 전혀 피하지 않고 오히려 더 좋아하고 인기가 많다. 인스타그램에 올린 후 빨리 되팔든지 아니면 컬렉팅을 하든지 하면서 소비와 주목 자체를 즐긴다.

이런 부분에 대해 LVMH의 루이 비통과 케링의 구찌의 행보를 비교해볼 만하다. 루이 비통은 니콜라스 게스키에르가 들어간 후 꾸준히 팔리는 가방과 액세서리는 여전하지만, 컬렉션 쪽에서는 그다지 흥미로운 모습을 보여주지 못하고 있다. 단, 몇 가지 협업으로 화제성을 유지하는데 구사마 야요이, 제프 쿤스, 수프림 같은 빅 네임의 아티스트와 브랜드들로 그야말로 당연히 잘 팔릴 걸 예상할 수 있는 대형 스케일의 협업을 선보였다.

구찌는 히피 시대부터 디스코 시대까지 이어지는 로고 중심의 과장된 1980년대 룩, 조악한 가짜를 기반으로 진짜를 만들어내는 최근 하이패션 특유의 자기 파괴적 유머를 전면에 내세웠고, 더불어 코코 카피탄, 이그나

시 몬레알 등 젊은 아티스트들과의 작업을 주로 선보인다. 이들과의 작업은 티셔츠에 낙서를 하고 도시 몇 곳에 벽화도 그리는 등 다양한 모습을 보여주고, 무엇보다 인스타그램을 꽤 잘 활용한다.

케링은 새로운 시장에 매우 잘 적응하며 리드하고 있다. 예하 브랜드인 구찌는 레트로 스트리트 패션을, 발렌시아가는 포스트 소비에트 룩을 이끌었다. 그러는 와중에 앤서니 바카렐로가 이끄는 생 로랑은 고풍스러운 캣워크를 바탕으로 가방과 구두를 아주 잘 판다. 명품 시장의 기존 소비자를 놓치지 않는 것이다. 이런 활약 덕에 2017년 LVMH가 13퍼센트 정도 성장하는 동안 케링의 순이익은 120퍼센트가량 증가했다.

3. 못생긴 옷이 유행한다

이런 변화의 와중에 헤비듀티와 실용성, 포스트 소비에트와 놈코어 등이 결합해 고프코어라는 옷에 대한 태도가 등장했다. 케케묵은 아웃도어용 플리스에 1980년대 콘서트 티셔츠를 입고 샌들에 양말을 신거나 커다란 운동화를 신는다. 여기에 단색 컬러의 커다란 패딩에 등산용 백팩이나 웨이스트 백 같은 걸 두른다.

이런 건 간단히 '못생긴'으로 묶을 수 있는데, '어글리 프리티'나 '고프코어'라고 부른다. 둘은 맥락이 약간 다른데, 전자는 못생긴 게 패셔너블해지고 있다는 거고,

후자는 그중 캠핑과 아웃도어에 관련된 못생긴 것을 말한다. 즉, 어글리 프리티의 의미가 좀 더 크다. 고프코어(Gorpcore)에서 '고프'는 그래놀라(granola), 귀리(oat), 건포도(raisin), 땅콩(peanut)의 약자라고 한다. 트래킹이나 캠핑을 갈 때 들고 가는 견과류 믹스를 뜻하고, 즉 캠핑이나 트레킹용 아웃도어 웨어를 말한다. 이렇게 말하면, 몇 년 전 자주 볼 수 있었던 놈코어가 생각난다. 사실 둘은 구별하지 않고 쓰기도 한다. 단, 놈코어가 쇼핑몰에서 산 캠핑 의류를 도시의 삶에 맞추고 '반(反)패션'이라 하지만 분명 스타일리시한 데가 있다. 브랜드도 네펜데스, 스노우 피크, 바튼웨어 등이 떠오른다.

고프코어는 여기서 좀 더 못생겼다. 리얼 캠핑 쪽이다. 파타고니아의 레트로 X나 유니클로의 후리스, 하얗게 바랜 리바이스 청바지, 노스페이스나 아크테릭스의 윈드브레이커, 스톤 아일랜드 재킷, 등산용 써모 바지, 웨이스트 백, 단색 빈티지 패딩, 테바의 샌들 같은 걸 떠올리면 된다. 이런 옷은 아웃도어의 기능에 맞춰져 있지만 실생활용으로도 편하게 사용할 수 있다. 거친 자연 속 생사의 갈림길에 중요한 역할을 할 수도 있는 고어텍스 같은 섬유는 까다로운 관리가 필요하지만 낡은 빈티지라면 그저 팔목에 적혀 있는 글자일 뿐이다. 신칠라도 리바이스도 더러워지면 세탁기에 넣고 돌리기만 하면 된다.

스포츠 샌들에 양말 조합 같은 게 고프코어의 감각을

잘 표현한다. 여름에 더우니까 편하고 시원한 스포츠 샌들을 신는다. 하지만 땀이 나니까 거기에 양말을 신는다. 이런 식의 선택을 하는 사람들에게 오직 실용만이 있을 뿐 패션이 개입할 자리는 없다.

그래서 이런 옷들은 패션 따위에 신경 쓸 돈과 시간이 없는 학생들, 편한 복장을 극히 선호하는 실용적인 여행자들, 옷이란 몸을 가리고 추울 때 따뜻하면 된다는 패션에 무심한 사람들, 그리고 이와 비슷한 맥락에서 소위 한국 중장년층의 등산복 룩에 주로 사용됐다. 그리고 툭하면 어떻게 저렇게 입고 다니냐고 개탄이나 들었던 게 사실이다.

그런데 사실 몇 년 전부터 이게 파리와 밀라노 같은 주요 패션쇼에 등장하기 시작했다. 이런 방식이 뚜렷하게 드러나기 시작한 전환점은 아마도 2013년 셀린느에서 등장한 버켄스탁이다. 그리고 프라다와 랑방에 나온 스포츠 샌들에 두꺼운 양말, HbA의 노스페이스 재킷 같은 걸 거친 후 자리 잡기 시작했다. 준야 와타나베나 베트멍, 제러미 스캇에는 칼하트와 챔피언, 테바와 캐나다구스, 어그가 잔뜩 얽혀 있다. 2017년의 발렌시아가는 고프코어와 하이패션과의 교차를 명확하게 보여준다.

전에 없던 이 새로운 룩은 새로운 세대를 자극했다. 다양성의 인정이라는 건 남이 뭘 하든 그건 그 사람의 자유라는 뜻이고, 또 내가 뭘 하든 그대로 존중해달라는 뜻이다. 즉, 남들 눈치나 보고 인정받으려는 패션보다 자기가 재밌는 패션이 더 좋다는 쪽으로 방향을 틀었다. 이 걸 적극적으로 표현하는 데 못생긴 옷만큼 좋은 게 없 다. 트렌드 패션에 대한 반항이 트렌드를 만든 셈이다.

그 결과 앞에서 말한 고프코어 옷들은 베트멍이나 구찌, 발렌시아가와 마구 섞이고, 또 거기에 1980년대 콘서트 티셔츠나 물 빠지고 밑단 잘린 청바지, 패러디 로고가 뒤섞인다. 바지와 재킷은 빈티지 숍에서 잘못 고른 옷처 럼 너무 커 보이고, 그 와중에 후드를 뒤집어 쓰고 있다. 여기서 섬세한 핏과 배치는 의도적인 투박함과 엉성함 으로 대치된다.

이게 트렌드가 됐다는 건 또한 못생긴 옷의 목록이 만 들어졌다는 뜻이기도 하다. 앞에서 말한 옷을 입어서 못생겨야 못생긴 패션이고, 인스타그램에 올리면 역시 못생겼다면서 하하 호호 좋아요를 누른다. 아무거나 입 어서 못생기면 그건 그냥 정말 못생긴 것이다.

이런 태도는 일상복을 운영하는 데 큰 시사점을 준다. 일단 자기가 즐거우면 되고, 자기가 편하면 되고, 자기 용도에 맞으면 된다. 이렇게 보면 고프코어 트렌드는 바 지가 넓어졌다 좁아지거나 꽃무늬 다음에 미니멀리즘 이 온다든가 하는 이전의 흐름과 다르다. 브랜드와 소 비자의 패션 자체에 대한 태도 변화에 기반을 두고 있 다는 신호다. 기준이 달라지는 것이다.

4. 패셔너블의 의미 변화

최근 대표적인 대형 패스트패션 기업 중의 하나인 H&M의 경영 부진 뉴스가 꽤 화제가 됐다. 보도에 따르면 12월부터 2월까지의 영업 이익이 60퍼센트 넘게 감소했고, 특히 팔리지 않고 쌓인 재고가 약 4조 5,000억 원어치나 된다고 한다. 대표적인 패스트패션 기업의 성적표가 예전만은 못한 상황이다. 아주 빠르게 트렌드를 따라잡거나 일상복을 대체하는 대안의 역할을 하며 바로 몇 년 전까지 몇몇 브랜드가 엄청난 이익을 거둬들였지만 그런 시절은 일단 지나갔다고 보는 게 맞다.

　그렇다면 사람들이 패스트패션을 떠나기만 하는 걸까? 그렇게 보기는 어렵다. 무엇보다 경쟁자가 많아졌다. 한국만 해도 기존 해외 브랜드뿐 아니라 그간 론칭한 국내 브랜드 등 수많은 패스트패션 브랜드를 백화점과 쇼핑몰, 단독 매장뿐 아니라 마트에서도 만날 수 있다. 지금의 현상은 시장을 이끌던 몇몇 브랜드가 비대해졌다가 안정되며 구조가 조정된 결과다.

패스트패션 브랜드들이 치열하게 경쟁하는 와중에 그 반대편이라 할 수 있는 몇몇 하이패션 브랜드들은 전례 없는 호황을 누리고 있다. 많은 브랜드를 가진 대표적인 회사인 LVMH와 케링은 매출의 급격한 성장과 함께 주식 시장에서도 사상 최고점을 오르내린다. 이런 성장은 중국이나 중동 등 새로운 시장이 만들어낸 결과다.

특히 중국의 2017년 명품 시장 규모는 전해보다 20퍼센트 정도 커진 23조 7,000억 원가량으로 알려져 있다. 2018년 역시 15퍼센트 정도는 성장할 것으로 전망된다.

이뿐이 아니다. 컨설팅 회사 베인 앤 컴퍼니는 2017년 말 럭셔리 마켓 분석 리포트를 공개했는데,[11] 2016년을 기점으로 럭셔리 마켓이 변했다면서 그 이유로 젊은 소비자의 성장을 들었다. 분석에 따르면 1980년 이후 출생자들의 고급 제품 시장에서 매출 비중이 어느덧 30퍼센트를 넘어섰다. 특히 'Z세대'로 일컬어지는 1995년 이후 출생자들의 고급 제품 소비율 증가가 매우 가파르다.

최근까지 하이패션은 1980년대 이후 본격적으로 등장한 중산층, 특히 고위직 진출이 늘어난 여성이 주요 대상이었다. 이들의 사회적 지위나 취향, 필요에 부응하고, 또 새로운 패션으로 영향을 주기도 하면서 그동안 하이패션 브랜드들이 성장해왔다.

하지만 최근 몇 년간 주된 소비자가 바뀌고 있다. 예전 고객들이 드레스와 슈트, 코트와 가죽 가방을 샀다면 새로운 고객들은 티셔츠와 운동화, 청바지와 다운 파카를 산다. 예전 고객들이 비슷한 사회적 지위에 따라 동질감을 형성했다면, 새로운 고객들은 비슷한 가치관에 기반을 둔다. 소셜 미디어 등 디지털 플랫폼의 속도에 익숙하고 거기서 큰 영향을 받는다.

[11] https://www.bain.com/about/media-center/press-releases/2017/press-release-2017-global-fall-luxury-market-study

2016년을 기점으로 이들의 소비가 고급 제품 시장에 본격적으로 영향력을 드러냈고, 이에 따라 하이패션 브랜드들은 크리에이티브 디렉터와 경영진을 교체하며 새로 재편된 시장에 대응하기 시작했다. 최근 대형 브랜드들의 수많은 인력 이동은 그런 재편이 남긴 흔적이다.

물론 이전의 고객들이 사라진 건 아니다. 여전히 우아하고 고급스러운 제품과 옷이 필요한 사람들이 있다. 거기에 새로운 소비층이 유입됐는데, 그들이 소비를 주도하면서 하이패션의 성장 동력이 됐고 브랜드가 바라봐야 할 메인스트림이 달라진 것이다. 하지만 다들 이렇게 호황을 구가하는 것도 아니다. 한때 트렌드를 주도하던 몇몇 브랜드들은 이미 적응하지 못해 최전선에서 떨어져 나가고, 변화에 먼저 대처하기 시작한 브랜드들은 큰 이익을 누리고 있다. 이 새로운 소비층은 아직 젊고, 예전의 시장을 이끌던 소비자들은 앞으로 줄어들 게 분명하므로 이 변화는 고착될 가능성이 크다.

5. 새로운 세대의 관심사

5.1.　하이패션이 보내는 정치적 메시지

막강한 소비자로 부상한 밀레니엄 세대는 이전 세대와 기준과 정치적 성향이 달랐다. 인터넷, 소셜 미디어 등 익숙한 도구가 다르고 움직이는 속도가 다르다. 그들 사이에서의 화제도 다르다. 정치적인 성향도 무척 강하다.

물건을 파는 사람이라면 새로운 소비자가 어떤 것에 관심 있는지 알아내 그걸 꺼내야 한다. 따라서 바뀌고 있는 패션 시장을 가속한다.

2017년 가을·겨울 컬렉션부터 정치적인 메시지가 본격적으로 드러나기 시작했다. 여기서 등장한 이야기들의 주제는 인류애, 성소수자, 페미니즘, 유색인종, 이민자 등 다양했지만 크게 혐오를 막고 다른 사람들과 함께 잘살자는 것으로 요약할 수 있다. 특히 트럼프 집권 이후 미국에서 이런 이슈에 대해 증가하는 불안감이 큰 상태다. 따라서 파리와 밀라노에서 페미니즘 메시지를 담은 디올 티셔츠가 등장했고, 미쏘니에서는 여성 행진과 연대를 표시하는 '핑크 푸시 햇(Pink Pussyhat)' 캠페인 등이 있긴 했지만 정치적 성향은 아무래도 뉴욕 패션 위크가 훨씬 강했다.

예컨대 프라발 그룽은 티셔츠에 "우리는 침묵하지 않겠다.", "나는 이민자다." 등을 찍은 시리즈를 선보였다. 또한 퍼블릭 스쿨(Public School)은 "우리에겐 리더가 필요하다."라는 문구가 적힌 재킷 등을 선보이며 트럼프의 정책을 비판했고, 크리스찬 시리아노는 티셔츠에 "인간은 인간이다(People are People)."라는 문구를 적어 인권에 대한 메시지를 전했다. 제러미 스캇 패션쇼에서도 "우리의 목소리가 우리를 보호할 수 있는 모든 것"이라는 문구가 적힌 옷이 등장했고, 스태프들은 미국 상원의원 명단과 전화번호가 적힌 티셔츠를 입고 나왔다.

더 큰 규모로 전개된 캠페인도 있었다. 패션 산업이 앞장서서 연대의 힘을 보여주자는 #TiedTogether 캠페인은 4대 메인 패션쇼를 거쳐 세계 곳곳에서 열리는 패션 위크에서 여전히 진행 중이다. 타미 힐피거 패션쇼에서 모델들이 이 캠페인을 상징하는 반다나를 들고나왔고, 마리아 그라치아 치우리, 도나텔라 베르사체 등의 디자이너들도 반다나를 손목에 착용하고 패션쇼 피날레에 등장하거나 사진을 찍어 올렸다.

뉴욕 패션 위크의 운영 주체인 미국 패션 디자인 협회(CFDA)는 낙태에 대한 여성의 결정권을 주장하는 미국의 NGO인 플랜드 페어런트후드와 공식적으로 협력해 핑크 리본을 매다는 캠페인을 펼쳤다. 여기에도 미국『보그』의 편집장 안나 윈투어나 디자이너 다이앤 폰 퍼스텐버그 같은 유수의 패션계 인사들이 함께했다.

사실 하이패션은 정치적인 발언을 잘 하지 않는 편이다. 특히 비싼 옷의 고객은 기득권인 경우가 많고, 이들은 지금 세상의 상태에서 부와 권력을 누리고 있으므로 세상이 움직이기 시작하면 그들로서 좋아질 일은 별로 없다. 따라서 패션 브랜드 입장에서도 이런 고객의 뜻을 일부러 거스를 이유가 없다. 물론 패션과 정치는 다양한 방식으로 결합해왔다. 하지만 티셔츠에 뭔가 찍어대는 방식은 아니었다. 기성 문화에 대한 반항을 담은 청바지나 반전 메시지를 담은 히피들의 군용 재킷은 당시 기성 중산층이 입지 않는 노동자나 군인 등의 옷이었기 때문에 메시지가 될 수 있었다.

영국 서브컬처의 스킨헤드나 모드 등은 옷만 봐도 구별할 수 있을 정도로 서로 달랐지만, 그건 의식적으로 선택한 옷에서 만들어진 문화였다. 굳이 옷에 '나는 모드', '나는 스킨헤드' 같은 말을 써놓을 필요가 없었다. 즉, 지금의 방식은 패션보다는 사회 운동 NGO의 캠페인 방식에 가깝다. 이렇게 직접적인 메시지를 적어놓는 방식을 사용하게 된 이유는 우아한 은유의 방식을 사용하기에는 현실의 움직임이 너무 급하다는 점에 있을 것이다. 또한 이런 이슈가 애초에 패션을 직접적 매개로 하고 있지는 않으므로 패션계에서 이런 옷을 입게 만들어 참여를 촉구하는 방식이기도 하다. 이 비싼 옷을 연예인이나 트렌드 리더 등이 입으면 언론과 인터넷 등으로 노출되면서 메시지를 순식간에 세계에 알릴 수 있다.

2018년도 비슷했다. 마리아 그라치아 치우리가 들어간 후 큰 변화를 보이는 디올은 나이지리아의 소설가 치마만다 응고지 아다치에의 책 제목이기도 한 '우리는 모두 페미니스트가 돼야 합니다(We should all be feminists).'라는 구호를 전면에 내세우고, 톰보이 스타일의 1960년대풍 페미니즘 패션을 메인으로 선보이며 구호를 아예 패션쇼장의 벽과 캣워크 위에 깔아버렸다.

자신이 2012년 동성 결혼한 게이이기도 한 크리스토퍼 베일리는 버버리를 떠나는 마지막 패션쇼에서 LGBTQ+(레즈비언, 게이, 바이섹슈얼, 트렌스젠더, 자신의 성적 지향에 의문을 가진 사람들과 그 외의 다른 사람들)에 대한 존중의 메시지를 담았다. 그 상징인 무지개 컬러를 버버리의 대표적인 제품인 트렌치코트나 머플러뿐 아니라 옷과 액세서리 등 거의 모든 제품에 넣었고 '다양성이 창의력의 근본'이라는 말을 남겼다.

이렇게 캣워크에서 옷으로 메시지를 전달한 사람들도 있지만 다른 방식도 있다. 셋째 아이를 출산하면서 이번 뉴욕 패션 위크 참가를 포기한 레베카 밍코프는 대신 매년 1월에 열리는 여성 행진 2018(Women's March 2018)을 후원했다. 그러면서 'RM 슈퍼 우먼'이라는 이름으로 여성 행진의 주최자와 참여한 운동가 들이 전달하는 메시지를 담은 캠페인을 벌였다.

그런가 하면 버질 아블로의 오프화이트에서는 나이키와 협업해 이민자들로 구성된 파리의 축구단인 멜팅 패시스(Melting Passes)의 유니폼을 제작하기도 했다. 이 팀은 적법한 거주 요건을 갖추지 못해 어떤 공식적인 팀에도 들어갈 수 없던 사람들로 이뤄져 있는데, 오프화이트에서는 이번 파리 컬렉션에 이 팀의 멤버 열여섯 명을 초대하기도 했다.

2018년 2월에는 플로리다의 한 고등학교에서 일어난 총기 난사 사건으로 열일곱 명이 세상을 떠났고, 이에 따라 미국 내에서 총기 규제에 대한 여론이 그 어느 때보다 높아지고 있다. 구찌는 3월 말 워싱턴 DC에서 예정된 총기 규제 강화를 위한 시위인 '우리의 생명을 위한 행진'에 50만 달러를 기부했다.

패션 브랜드들이 전달한 메시지는 크게 페미니즘, 반인종주의, 반이민 정책 폐지로 묶을 수 있다. 이런 이슈들은 패션 산업을 지탱하는 중요한 틀이다. 2017년의 메시지들이 티셔츠 위의 구호를 중심으로 상당히 직접적이었던 것과 비교해보면 시간이 흐를수록 간접적이고 상징적이지만, 대신 차곡차곡 패션 안으로 들어가 자리 잡은 걸 볼 수 있다.

패션이 이런 메시지를 전달하는 게 지겹다는 반응도 있고, 어차피 옷 팔려는 거 아니냐며 의심하는 사람들도 있다. 하지만 하이패션이 이런 식으로 정치적 메시지를 쏟아내는 건 그런 옷을 사 입든 말든 가시성이 커졌고, 문화에 미치는 영향력도 늘었기 때문이다.

하이패션은 한때 상류 계층의 그들만의 리그만으로 충분히 살아남을 수 있었지만, 이제 회사의 덩치가 커지면서 그것만으로 버틸 수 없게 됐다. 소비 계층도 훨씬 다양해졌다. 그리고 이들이 전하는 메시지 자체에 반발하는 사람들도 있다. 그래도 불합리했던 과거의 질서를 바로잡고 함께 사는 인간으로서 다양성을 인정하자는 정도의 당위적 메시지에도 반발이 있다는 건 당연해 보이는 메시지들에 여전히 효용이 있다는 의미기도 하다.

메시지의 유효성은 뒤따르는 행동이 만든다. 이런 메시지를 만드는 데 직접 참여하고 있지 않다 해도 특히 패션 위크처럼 많은 사람이 참여하고 보고 사는 행사에서

홀로 사회와 동떨어져 존재할 수 있는 건 없다. 메시지의 등장은 그만큼 사회가 나아가야 한다는 뜻이다. 예컨대 꼼 데 가르송은 지난 10년간 유색 인종 모델, 특히 흑인 모델을 백인 모델보다 훨씬 적게 등장시킨 이유로 비판을 받았는데, 2018년에는 그 어느 때보다 많은 비율의 흑인 모델이 등장했다. 메시지가 크게 울릴수록 신경 쓰는 사람은 늘어나기 마련이다.

5.2. 다른 측면의 변화

얼마 전 LVMH와 케링이 합동으로 새로운 모델 가이드를 발표했다. 이 기준에 따르면 앞으로 프랑스 사이즈로 여성은 34 사이즈(한국에서 44 사이즈 정도) 이상이어야 캣워크에 서거나 광고 모델로 기용될 수 있다. 남성의 경우도 44 사이즈(한국에서 85 사이즈 정도) 이상으로 하한선이 정해졌다. 이 기준은 프랑스 정부가 2018년부터 적용하는 규정보다 더 엄격하다. LVMH는 자회사로 셀린느, 지방시, 루이 비통, 마크 제이콥스 등이 있고 케링은 자회사로 구찌와 발렌시아가, 생 로랑 등 유수의 브랜드들을 가지고 있다. 이번 합의는 저 브랜드들이 패션쇼와 광고를 하는 나라가 어디든 마찬가지로 적용된다. 그렇게 보면 국가 단위의 규제안보다 적용 범위가 넓다.

그뿐 아니라 이번 합동 가이드라인에서는 모델의 나이 규정을 더욱 강화했고, 전문 심리 상담사의 고용이나 합동으로 운영하는 감시 위원회 등도 포함돼 있다. 이런 움직임이 시작된 건 2007년 거식증으로 숨진 모델 이저벨 카로 사건과 최근 몇 년간 캐스팅에서 모델에 대한 비인권적 대우 등 부당한 사례가 이슈가 됐기 때문이다. 하지만 좀 더 큰 맥락에서 볼 수 있다. 누구도 원치 않는데 깡마른 모델들이 고급 브랜드의 광고 모델로 등장할 리는 없다. 패션 브랜드는 이상적인 모습을 상정하고 사람들이 동경하게 만든다. 예전에는 좀 잘생기고 예쁜 남자와 여자였겠지만, 시간이 흘러가며 그 이상형은 몸의 구석구석까지 디테일해지며 점점 비현실적인 모습으로 바뀌었다. 게다가 그런 게 하이패션만의 특별한 가치로 포장된다. 어느덧 사람들이 비현실적인 신체 이미지에 계속 노출되면서 자기 비하와 낮은 자존감에 빠지고 건강을 해치는 게 사회 문제가 될 만큼 커졌다.

이번 결정의 중요한 점은 패션쇼뿐 아니라 광고 이미지에도 적용된다는 사실이다. 최근 패션 광고는 여러 규제에 직면해 있다. 너무 마른 몸뿐 아니라 너무 어린 나이, 왜곡된 성적 묘사도 금지되는 추세고 영국에서는 성 역할의 스테레오타입을 조장하는 광고를 금지하기로 했다. 이런 이미지의 강력한 힘을 실감했고, 언론의 자유라는 이름으로 방치하는 게 기존 권력관계를 강화하고 차별을 영속화한다는 걸 알게 됐기 때문이다. 패션은 캣워크나 화보, 광고를 통해 시대를 앞서가고 끌고 나가는 멋진 이미지를 만들어낸다. 특히 인터넷을 통해 실시간으로 세계의 중심 트렌드를 파악할 수 있게 되면서 이런 이미지들이 가지는 영향력은 예전보다 더욱 강력해지고 있다. 그러면서 작게는 모델의 건강 문제부터 좀 더 크게는 강력한 이미지가 만들어내는 잘못된 관념이 통상적으로 받아들여지는 등의 문제가 본격적으로 대두되고 있다.

　　　　몇몇 디자이너들이 기존에 볼 수 있던 모델들보다 몸집이 크거나, 나이가 든 모델을 기용하는 식으로 다양성을 시도하지만 아직은 해외 토픽에서나 종종 다뤄질 뿐이다. 그리고 전반적인 경향으로 보면 캣워크 위는 더 마르고 더 어려 보이는 모델이 주류가 되고 마른 게 섹시하다는 이미지는 더욱 강화된다. 그래서 안 좋은 영향을 줄 수 있는 사항을 본격적으로 규제하기 시작했다.
프랑스에서는 모델 중에 거식증 환자가 늘어난다는 점에 주목했다. 2015년 프랑스 국회는 지나치게 마른 모델들을 패션쇼에 세우지 못하도록 하는 규정을 통과시켰고 그런 모델을 세우는 패션 하우스들에 벌금을 물리거나 심지어 감옥에 가둘 수 있게 했다. 원래는 체질량지수(BMI)를 기준으로 일률적으로 규제하려 했지만, 지난 2년의 유예 기간 동안 패션 에이전시와 브랜드의 격렬한 반대가 있었다. 결국, 2018년에 규정이 시행되면서 의사의 판단에 맡기도록 약간 완화됐다.

　　　　영국에서는 광고에 대한 자율 심의 기구인 광고 표준 위원회(ASA)가 큰 역할을 하고 있어서 패션 광고에서 너

무 마르거나 어려 보이는 모델의 등장을 규제해왔다. 예
컨대 2015년에는 생 로랑의 여름 광고나 2016년 구찌
의 겨울 광고에 너무 마르고 건강하게 보이지 않는 모
델이 등장한다는 이유로 방영을 금지하거나 경고했다.
2018년에 ASA는 기존의 규제에서 좀 더 나아갔다.
2018년부터 시행될 예정인 새로운 규정에서는 아예 성
역할에 대한 고정 관념을 전달하는 광고를 모두 금지했
다. 여성의 성적 대상화나 이상적인 체형 강요도 마찬가
지로 규제 대상이다. 이런 이미지들이 현재의 불평등을
고착시키고 생각과 결정을 왜곡한다는 판단 때문이다.

브랜드와 정부에 따른 규제도 있지만 민간단체와 소비
자가 중심이 되는 운동도 있다. 예컨대 '67퍼센트 프로
젝트'가 있다. 미국 여성의 67퍼센트가 14 사이즈(한국
에서 L 사이즈 정도) 이상이라고 하는데, 패션과 미디어
가 제시하는 이미지에서는 오직 2퍼센트만 그 사이즈
에 해당한다는 사실을 직시하고, 이 불균형을 바로잡아
가자는 운동이다.

얼마 전 여성환경연대의 조사 결과 국내 의류 매장에 갖
춰진 옷 사이즈의 선택 폭이 매우 좁다는 사실이 드러났
다. 몸보다 옷이 우선이 돼서 옷을 입으려 한다면, 그것
에 맞게 몸을 바꿔야 한다는 건 애초에 전후 관계가 잘
못된 것이다.

하지만 이보다 앞에 이상적인 신체가 어떤 모습인가라
는 문제가 있다. 신체를 단련하고 건강하게 사는 건 좋

은 일이지만 인간은 모두 다르고 상황과 조건도 모두 다르다. 결국, 자기가 만족하며 즐겁고 건강하게 살 수 있는 신체 상태를 알아내는 것, 그리고 어떤 옷을 입을 때 더 좋은지 알아내는 건 각자의 몫이다. 그렇게 살면 되고 남도 그럴 수 있도록 내버려두면 된다.

'다양성의 존중'이라는 말 자체가 손쉽게 써먹는 유행어가 되고 있다는 것도 문제다. 아무도 그렇게 생각하지 않으면서 광고에 그럴듯한 이미지로만 등장하는 건 소용이 없을뿐더러 더 해롭다.

패션은 자유로움이고, 각자가 서로 다르다는 표식이다. 따라서 남과 다름을 뽐내는 방법을 남과 같은 걸 두르고 같은 몸매를 만들려는 데서 오는 안정감에서 찾는다는 건 이상한 일이다. 다양성이 서로 만나 자극을 줄 때 패션의 세계는 더 넓어진다. 잠재력을 끌어내고 해보고 싶은 걸 해보도록 하는 실험 정신과 모험심은 주어진 걸 받아들이고 극복하며 결국 그런 게 상관없게 하는 데까지 나아갈 때 만들어지기 때문이다.

결국, 이런 규제는 지금 사회의 변화에서 기인한다. 특히 젠더 관점에서의 성 역할이나 인종 등 다양성 문제에 대해 많은 사람이 더욱 민감하게 반응하고 사고방식도 바뀌고 있다. 지금까지 그래왔다고 여성의 몸을 대상화하거나 왜곡된 성적 욕망을 자극하는 광고는 많은 비난에 직면한다. 총체적으로 보면 자기 자신을 긍정하는 쪽을 향하고 있다. 그 기반에는 타인을 인정하고 나와 다를 게 없다는 인식이 있어야 한다.

이런 변화는 멋진 모습의 의미가 재구성되고 있다는 것을 뜻한다. 즉, 하이패션 브랜드는 이제 훨씬 새로운 기준을 사람들에게 제시해야 할 때다. 사실 최근 몇 년간 여러 브랜드가 크리에이티브 디렉터를 대거 교체했고, 그 변화 속에서 젠더리스 패션과 페미니즘, 남성의 육아와 인종 다양성 같은 주제가 캣워크 위로 올라갔다. 이런 일련의 움직임은 이미 변화의 기운을 포착하고, 선점하고 주도하려는 패션 특유의 모색 과정을 보여준다. 종종 몇 년 전 사진을 보면서 저런 걸 어떻게 입고 다녔을까 생각하듯 사람의 미감은 꽤 빠르게 변하고, 어느 지점을 넘어서게 되면 예전이 방식은 죄다 고루하고 촌티나게 느껴진다.

어글리 프리티도 마찬가지다. 의도적으로 깨뜨린 질서, 실용을 최전선에 놓은 착장을 하다 보면 자신의 몸과 현재 상황과 맞지 않게 불편한 옷이 만들어내는 패셔너블이라는 게 대체 무엇인지 의심하게 된다. 이런 식으로 누군가는 조금씩 나아가게 된다.

브랜드 역시 이왕 변할 거 같으면, 그리고 심지어 그게 더 나은 미래로 보인다면 맨 앞에서 주도하는 게 낫다. 자기가 뭘 하는지, 세상에 내놓는 게 어떤 흐름에 있는지 명확히 인식해야 할 시기다. 그리고 자신을 긍정하고 다양성을 인정하는 지금의 흐름을 제대로 포착하고, 그게 만들어낼 새로운 멋진 모습을 제시할 브랜드나 디자이너가 지금의 하이패션의 구도와 트렌드를 재편성할 가능성이 크다.

6. 다양성은 무엇을 바꿀 수 있을까

2018년 초 루이 비통 남성복을 맡은 버질 아블로가 선보이는 첫 패션쇼가 이해 7월 파리에서 열렸다. 이 패션쇼는 스트리트 웨어가 하이패션에 자리 잡은 지금의 흐름을 상징적으로 보여준다는 점에서 큰 의미가 있다. 패션쇼에 등장한 옷 말고도 새로운 디자이너나 쇼의 외형에서도 하이패션은 다가올 미래를 대비해 어떤 준비를 하고, 어떻게 자신을 바꿔가는지 보여준다는 점에서도 주의 깊게 살펴볼 만하다.

버질은 미국 출신 흑인 남성이다. 건축학도 출신으로 패션을 전공하지 않았다. 지금까지 주로 하이패션을 이끌어온 사람들과 시작 지점이 완전히 다르다. 루이 비통의 모기업인 LVMH는 여러 패션 브랜드를 거느린 거대 기업이고, 비즈니스 상황과 각 브랜드의 콘셉트에 맞춰 디렉터를 들이고 방향을 조절한다. 흑인인 버질이 루이 비통 남성복을 맡은 건 마리아 그라치아 치우리가 같은 LVMH 소속인 디올을 맡은 것과 비교해볼 수 있다. 디올도 오랜 역사를 자랑하지만 여성 디자이너가 이 브랜드를 맡은 적은 없다. 이런 식으로 오래되고 고착된 이미지를 지닌 대표적인 브랜드의 새로운 디렉터

를 인종과 성별을 고려해 찾아내고, 이걸 통해 브랜드
에 이전과 다른 문화적 기반을 세우는 식으로 다양성
을 확보한다.

미국 출신이라는 점도 있다. 물론 톰 포드나 마크 제이
콥스처럼 미국 출신 디자이너들이 유럽 브랜드를 맡아
성공한 사례가 있지만, 최근의 동향을 보면 미국을 대
표하는 브랜드인 캘빈 클라인이 가구 디자인을 전공한
벨기에 출신 디자이너 라프 시몬스를 디렉터로 들인 것
과 비교해볼 수 있다.

미국의 전통 브랜드는 유럽에서, 프랑스의 전통 브랜드
는 미국에서 디렉터를 데려왔다. 둘 다 기반을 둔 나라가
기존 아이덴티티에 상당한 지분을 차지한다. 이들은 변
화의 방식으로서 자신들의 기존 문화를 다른 시각으로
볼 게 분명한 사람을 데려오는 것으로 대응했다.

이런 변화 덕에 패션쇼의 외형도 달라졌다. 이번 루이
비통 패션쇼에는 이례적으로 흑인 모델이 많이 등장했
고, 그 외에 많은 국적과 인종의 모델이 등장했다. 이들
의 출신지를 지도에 표시한 쇼 노트를 배포하는 등 이
이슈에 앞서가는 태도를 적극적으로 보여주기도 했다.

요즘 모델 쪽에서는 인종 다양성 문제가 자주 언급되
고 패션쇼가 끝나면 인종이나 국가를 표시한 통계 자
료를 NGO들이 내놓기도 한다. 하지만 그렇게 어렵게
계속 주의하라고 경고해야 가능했던 문제의 근본적인
원인과 해결 방법이 어디에 있는지 이번 쇼는 분명하

게 보여준다. 즉, 가장 높은 자리에서 인종 다양성을 확보하면 그 아래로는 자연스럽게 변한다. 성별 다양성 문제도 마찬가지다.

이번 패션쇼에 수천 명의 미술 전공 학생들을 초대했다고 한다. 이 역시 패션 엘리트 중심이었던 하이패션이 앞으로 더욱 다양한 분야의 사람들을 끌어들이고 이들이 이끌어가게 되리라는 예고이기도 하다. 버질 아블로나 라프 시몬스도 패션 전공자가 아니다.

지금은 되도록 넓은 시각으로 다양한 문화를 흡수해 새로운 걸 만들어야 할 때. 인터넷 위에 놓여 글로벌화한 젊은이들의 문화가 이미 그렇게 형성되기 때문이다. 이런 문제를 하이패션의 주요 구성원이었던 유럽 패션 엘리트 출신의 백인 남성 같은 편향된 구성원으로 해결하는 시대는 지났다. 자기들끼리 더 다양한 돌파구가 없을지 아무리 고민해봤자 사람이 바뀌고 더 다양한 인종, 문화, 성별을 가진 사람들이 실제로 유입되지 않으면 답이 나오지 않는다.

다양성 이슈는 다 함께 잘 지내면 좋은 거 아니겠냐는 표어 같은 데서 멈추는 일이 아니다. 이것이야말로 미래를 대비하고 생각의 영역을 넓히며 더 많은 걸 포용해 더 새로운 걸 만들어나갈 수 있는 가장 확실하고 효과적인 방법임을 이번 패션쇼를 포함한 최근 하이패션의 움직임을 통해 다시 한번 확인할 수 있다.

173 에필로그

지금까지 사람들에게 패션이 무의미해지는 와중에 삶의 부품이자 도구로 일상복을 대하고 활용해서 효과적이면서 효율적으로 생활하는 방법을 살펴봤다. 일상복에서 패션을 빼내려 하니 그게 패션으로 가서 하이패션을 주도하는 과정도 살펴봤다.

그러면 혼자 집중하면서 입고 싶은 옷, 사는 데 요긴한 옷, 일하는 데 방해가 되지 않는 옷을 골라서 일상복으로 구성하고, 그게 주는 재미를 체계적으로 구성하고 순환시키면서 발견하기만 하면 다 되는 걸까? 누구나 그럴 수 있긴 한 걸까?

여기에는 입고 싶은 옷을 마음껏 입는다는 전제가 있다. 자기가 원하고 필요한 옷을 입을 수 없다면, 옷을 입는 데 타인과 사회의 압박이 있다면 어떨까? 즉, 일상복을 효율적으로 운영하려면 개인과 사회의 기본 조건이 있다. 이게 갖춰지지 않으면 이런 논의는 아무 의미가 없다.

그런 점에서 고프코어를 돌아볼 필요가 있다. 고프코어는 등산복처럼 편한 옷을 마음대로 입는 일상복에 대한 태도다. 사실 이게 한국에서 구현된 적이 있다. 아저씨들의 등산복이다. 남에게 자랑할 만한 저명한 브랜드의 로고와 아무 장소에서나 입어도 편한 기능성 등산복, 그리고 비격식을 지향하는 실용주의가 절묘하게 결합한 아저씨 패션 또는 등산복 패션은 고프코어가 향하는 세상과 크게 다르지 않다.

하지만 그걸 입은 사람들이 누구였는지 생각해봐야 한

다. 이 옷을 입고, 산 사람들뿐 아니라 회사나 학교, 결혼식장이나 장례식장에 가는 사람들은 사실 누가 뭐라해도 개의치 않고, 뭐라 할 사람도 없고, 뭐라 해도 듣지도 않을 이 사회의 주축 세력이다. 등산복 패션은 그런기반 덕에 가능했다.

> 타인의 몸과 옷을 함부로 평가하는 분위기가 여전한 상황에서 입고 싶은 대로 입는 게 좋은 세상이라 해봤자원래 그렇게 입을 수 있던 사람이나 계속 그렇게 입을수 있다. 여자가, 어린 게, 직위도 낮으면서, 연예인이면,학생이 등 무책임한 사족이 기존 권력관계를 강화하고입고 싶은 걸 마음대로 입을 수 있는 자유를 방해한다.

타인의 착장에는 저마다 이유가 있다. 그걸 넘겨짚거나알 수 없다. 알 필요도 없다. 거기에 무슨 말을 덧붙이든쓸모없는 참견이다. 신경 써야 할 건 자기 옷과 몸이다.

> 예전에 어떤 예능 프로그램에서 출연자들이 패션에 관해 이야기하는 모습을 본 적이 있다. 걸 그룹 멤버 두 명이 꽤 흥미로운 이야기를 했는데, 한 명은 옷 자체가 재미있어서 입어보지 못한 옷에 도전하는 데 관심이 많다고 했고, 또 한 명은 패션에는 별로 관심이 없고 자신이예뻐 보이는 데 중점을 두고 옷을 고른다고 했다. 둘은옷을 고르는 사람이 지니고 있을 만한 대표적인 태도를보여준다.

그런가 하면 우디 앨런의 「스몰 타임 크룩스(Small Time Crooks)」에는 도둑질을 하다가 우연히 만든 파이가 히트해서 벼락부자가 된 가족이 나온다. 부촌 주민이 돼 파티를 열었지만, 요란하고 화려한 졸부식 패션과 인테리어를 보고 부유하고 고상하게 자란 손님들이 가족을 몰래 비웃는다. 알폰소 쿠아론의 「위대한 유산(Great Expectations)」에도 비슷한 장면이 나오는데, 대도시에서 화가로 성공한 주인공은 파티에 온 삼촌의 촌티 나는 시골풍 정장을 몹시 부끄러워한다.

영화에 나온 사람들은 모두 어떤 옷을 선택해서 입었고 거기에는 이유가 있다. 실험 정신으로 가득 찬 경우도, 목적 지향적인 경우도 있다. 뭔가 잘못된 선택이 겹쳤을 수도 있다. 물론 예민하게 분위기를 파악해서 옷차림을 준비하는 사람도 있을 수 있다. 그렇다면 그거대로 좋은 거고, 아니면 그냥 마는 것이다. 샌들에 면양말을 신는 게 패션 피플의 조크일 수도 있지만, 발에 땀이 나는 게 싫어서 양말을 신는 실용적인 목적일 수도 있다. 이것저것 산 걸 날씨를 고려하면서 입다 보니 어쩌다 그렇게 됐을 수도 있다. 결과만으로 배경에 대해서는 어떤 예단도 함부로 할 수 없다.

물론 현대사회에서는 비즈니스나 데이트 등에 적절한 복장의 룰을 지켜야 할 때가 있다. 모든 걸 멋대로 하는 건 불가능하고, 그게 좋은 것도 아니다. 대가는 나머지 시간이다. 극단적이고 반사회적인 패션만 아니라면 세탁이나 잘해서 사람들에게 민폐나 끼치지 않으면 된다. 타인의 옷차림에 오지랖을 부린다면 딱 거기까지다.

각자의 삶이고, 선택에는 어떤 이유가 있다. 그걸 입어서 기분이 좋든 마음이 편하든 아무 생각이 없든 누구도 정확히 이해할 수 없다. 멋지다고 느끼면 감탄하기만 하면 된다. 다른 말은 거의 필요 없다. 이해도 안 되고 눈에 거슬린다면서 '보지 않을 자유' 같은 걸 말하는 사람이 있다. 그런 건 그냥 고개를 돌리면 되고, 아무리 심각해도 그게 타인이 짊어진 인생의 무게만큼은 아니다.

일상복 운영도, 새로운 하이패션도, 새로운 하이패션이 품으려는 세상의 다양성도 바로 거기서 시작된다.

179   찾아보기

일상복 탐구: 새로운 패션
박세진 지음

초판 1쇄 발행. 2019년 4월 10일
편집·디자인. 워크룸
제작. 세걸음

워크룸 프레스
출판 등록. 2007년 2월 9일(제300-2007-31호)
03043 서울시 종로구 자하문로16길 4, 2층
전화. 02-6013-3246
팩스. 02-725-3248
이메일. workroom@wkrm.kr
웹사이트. workroompress.kr / workroom.kr

이 책의 국립중앙도서관 출판예정도서목록은
서지정보유통지원시스템(seoji.nl.go.kr)과
국가자료공동목록시스템(nl.go.kr/kolisnet)에서 이용할 수 있습니다.
CIP 제어번호: CIP2019011343

ISBN 979-11-89356-17-0 03590

박세진
패션에 관한 글을 쓰고 번역을 하며 패션붑(www.fashionboop.com)을
운영한다. 2019년 현재 한국일보에 '박세진의 입기, 읽기'라는 칼럼을
연재 중이며, 그밖에도 여러 매체에 기고 활동을 하고 있다. 지은 책으로
『패션 vs. 패션』(2016), 『레플리카』(2018)가, 옮긴 책으로 『빈티지
맨즈웨어』(2014), 『아빠는 오리지널 힙스터』(2018)가 있다.